對本書的讚

「若你想學習如何打造人們想要和需要的產品，這本就是必讀。UX 策略涵蓋了在設計和程式開發之前要做的事情——市場研究、驗證商業概念、原型設計、使用者研究等等。」

—STEVE BLANK
精實創業共同創辦人，現代創業之父

「當 Jaime Levy 的《UX 策略》一經出版，就成為 UX 領域的里程碑，也是所有人的書單上的必讀。而隨著該領域本身的發展和成熟，在第二版中看到她對 UX 策略的最新觀點，真是令人感到雀躍。這是那種每次閱讀時都能愈看愈深的書，加上更新的內容，書中有大量的新素材可供探究。《UX 策略》是本清晰、實用且用心的著作，持續兌現它在當代引導數位產品策略的承諾。」

—JIM KALBACH
Mural首席傳道士，《MAPPING EXPERIENCES 看得見的經驗》、《THE JOBS TO BE DONE PLAYBOOK》作者

「生命太短暫，別花時間為沒人想用的東西設計優秀的 UX。運用本書中提倡的精實策略方法，幫你節省寶貴的時間和資源。」

—ASH MAURYA
《精實執行：精實創業指南》作者、精實畫布（Lean Canvas）設計者

「設計師不斷在尋找一種方法來對他們的工作產生更大的影響。Jaime 的書是一本萬無一失的指南，能幫助你提升技能，引導產品策略發展。」

—ANDY BUDD
設計創辦人、講者、顧問、教練

「Jaime Levy 的《UX 策略》一書囊括了各專業領域卓越思考者的最佳實務案例，本質上是所有設計師的 MBA 教戰手冊。她的引導方式加上自己的故事，讓本書相當親切易讀。」

—STEVE PORTIGAL
使用者研究顧問、《INTERVIEWING USERS》以及
《DOORBELLS, DANGER, AND DEAD BATTERIES》作者

「Jaime Levy 提供了一個容易遵循、精闢、務實、循序漸進的指南，介紹如何以精實和高效的方式開發和測試創新的數位產品構想與價值主張。書中有豐富的技巧和竅門、詳細的說明、和非常切實的建議——簡而言之，這是一本很棒且引人入勝的指南，適用於所有初露鋒芒的創業者、產品負責人、UX 設計師、和任何開始進行以人為本產品開發的讀者。」

—SVENJA VON HOLT
PORT BLUE SKY（柏林）產品策略顧問兼創新策略總監

「本書的新版本進一步將使用者經驗策略理論與實務、實作、商業導向的方法相互連結。它不僅能讓創造產品和服務所需的戰略和策略發光，更可以繼續成長。這是產品設計師、專案經理、創業者、或任何其他創新技術專家的必讀之書。」

—PAUL LUMSDAINE
美國太空總署噴射推進實驗室UX設計師

「Jaime Levy 對產品設計策略的觀點幫助我們改變了設計學院的課程。學生們喜歡她的書，因為她以獨特的龐克搖滾方式告訴我們，創意人如何帶來影響力。」

—RETO WETTACH
波茨坦應用科學大學教授、服務設計師、設計策略顧問

「再好的微互動都無法挽回糟糕的 UX 策略。請閱讀這本書，先做對的設計，再考量是否設計得對。」

—DAN SAFFER
《微互動》以及《DESIGNING FOR INTERACTION》作者

「早在 UX 這個專有名詞出現前，Jaime 就一直在不斷嘗試 UX 的突破創新了。本書能讓你跳脫既有顧客的框架，為接觸你產品的每個人創造真正的價值！」

—DOUGLAS RUSHKOFF
媒體理論家、《TEAM HUMAN》作者和主持人，
《Present Shock》與《Program or Be Programmed》作者

「本書提出了達到策略對焦的方法，幫助波音團隊了解問題的根源和機會形勢。透過從問題源頭的思考，我們建立了跨部門的信任，並找到將顧客目標和成果與更高層次商業目標相互連結的基礎。」

—ANDREW WILBUR
波音公司產品設計主管

UX 策略 第二版
設計創新數位解決方案的產品策略心法

Second Edition

UX Strategy
Product Strategy Techniques for Devising Innovative Digital Solutions

Jaime Levy 著
吳佳欣 譯

O'REILLY®

[目錄]

[前言]

策略，就是串連每一個小小的線索，看著過去和現在發生的事，對未來做合理的推測。專精策略的人必定是好奇、客觀且無畏的。他們要能承擔風險，悄悄靠近獵物，然後一擊必殺，就像封面上的黑背豺狼一樣。

使用者經驗（UX）策略是使用者經驗設計和商業策略這兩個領域的交集，是一個透過觀察或實證來大幅提升數位產品成功機會的方法，而不只是畫畫 Wireframe、寫寫程式碼，然後祈求好結果出現。

本書將提供你實際運用 UX 策略的方法，尤其針對創新產品的開發，同時也會帶著你認識許多不同工作環境都適用的輕量小工具。商業策略的基本原理並不是一定要念過 MBA 的人才能懂的高深學問，而策略這件事就像設計一樣，只能從實作中獲得體悟。

誰該看這本書？

本書的重點在填補 UX 設計和商業策略之間的知識鴻溝，內容是為以下這幾類產品創造者特別打造：

產品 / UX 策略師、產品經理 / 負責人、創業者、企業內部創業團隊

你希望帶領團隊的視覺設計師、UX 設計師、開發者、行銷人員等成員創造擁有超棒 UX 的成功產品。但受到時間、經費和其他資源的限制，所以得盡可能把團隊的心力集中在簡單實用的方法上，謹慎地選擇最必要且經濟的工具。

你了解精實創業（Lean Startup）的原則，因此在研究和評估的階段會想走捷徑，但同時也知道要根據合理的策略來做決策。本書提供在開發過程中，測試構想所需的輕量級工具，進行競品研究，並驗證行銷管道。

產品設計師／UXUI 設計師／UX 研究員

你感到很挫折，感覺自己好像只是一個設計或研究生產線的小齒輪。你也希望設計的產出更創新、更全面，但你根本不在定義產品的策略圈裡。你擔心自己是不是遇到了職場撞牆期，畢竟沒念過商學院，也不是行銷高手。本書會教你如何在下列情況中為自己扳回一城：

- 你不想浪費半年生命畫一個上級叫你畫，但你覺得根本就是抄襲現有產品的流程圖和線框圖。本書會告訴你如何系統性地從競爭對手的產品中找到對自己有利的點，運用少即是多的方法整合構想、實現創新。
- 某些利害關係人總是百分之百保證他的產品願景是正確的，反正做就對了。你想做個使用者研究讓他知道，有些地方跟想像的有所差異，但他說沒預算。本書會示範一些不同的方式，讓你無論有沒有預算支援，都能成為一個內部創業者。
- 你被要求幫一個既有產品新增一些功能，吸引更多顧客使用、提高黏著度。本書會示範如何進行快速原型測試，透過線上使用者研究和登陸頁面冒煙測試來驗證概念。

寫這本書的原因

在我創業的那陣子，也兼課教介面設計和產品策略這兩個不斷進化的領域，我樂此不疲，一刻也不得閒。從 1993 年起，我一路從工科的大學教到在職專班的職涯進修，但從未有過一本完美的書，能完全滿足不同學生的各種需求，反倒是我要一直分享簡報內容、參考文件和模板。於是我決定寫這本書，把所有我在新創公司、設計公司和企業裡學到的 UX 策略整理成冊。

我也希望有志成為策略師的各位，能從我多年的業界經驗裡得到收穫。我在工作和生活中都經歷過不少起起落落，這些起伏形塑了我從失敗中學習經驗的態度。這也就是為什麼我一開始就根本不想純談商業或科技，我想寫的書，是紀錄我們在科技不斷進展的真實世界裡，深深感受到的那份流動性和活力。我想描繪的創業精神，並不漫談成功或所謂最有用的方法，也期望藉由心路歷程的分享，能讓各位的路走得輕鬆一些。

這本書的編寫

這本書是根據我這幾年下來調整的教學方法所編寫而成。這本書最初的目的就是一本創新產品的開發指南，因此，你最好心中先有一個構想或介面上想解決的問題，畢竟從實作中學習才是取得經驗的不二法門。在本書的章節中介紹了許多方法，當你熟悉這些方法後，未來就能在實務中自由搭配使用了。

本書有十個章節。第一章開啟 UX 策略的大門，第二章介紹了書中所有工具方法的基本框架，第三至九章會教你運用這些 UX 策略的方法，最後，我們在第十章做個簡單的重點整理。

UX 策略工具包是什麼？

本書提供了一套免費的工具包，讓你和團隊可以立即使用，為產品打造亮眼的策略。這些工具是我幾年來跟客戶實際應用於專案，不斷琢磨整理而成的，即使一開始可能會讓人感到有點不太好上手，但這些工具對於學習基本的策略非常重要。書中慢慢地深入解釋工具的使用，以及每種工具能帶來的效益。

免費下載〈UX 策略工具包〉：*https://userexperiencestrategy.com*

複製這份檔案，如果習慣用 Google 表單，在登入 Google 帳號後，點選檔案 > 建立副本。若習慣使用 Excel 試算表，則點選檔案 > 下載 > Microsoft Excel（.xlsx）。這樣就可以擁有編輯與分享的權限，快點分享給團隊成員吧！也可以切換試算表底部的頁籤，使用不同工具。

UX 策略強調團隊成員和利害關係人的合作。無論你是學生、剛起步的新創公司、還是企業裡的跨領域團隊都一樣，除非建立共同目標，願意用測試來發展解決方案，否則這些方法都是行不通的。數位化時代最好的合作方式就是利用雲端工具，本書提供的雲端工具能讓遠距工作團隊對產品願景達成共識。它也可以讓大家在同一份文件上一起共同協作。

致謝

第一版《UX 策略》多虧了 Sarah Dzida 一路的協同合作。Sarah 從撰寫企劃書開始，一路擔任從樣本章節開始到最終定稿的寫作指導，把一堆雜亂的故事有條理地編織成一部完整的作品。書籍完成後，我告訴她，再也不要寫書了。她會意地笑了。

五年過去了。由於第一版的成功，我很高興能在許多策略和設計研討會上發表，並與世界各地的產品設計者見面，獲得不少新的洞見，提升了產品策略技巧。我決定撰寫第二版，自己又獨自一人在圖書館工作，直到 COVID-19 疫情爆發。於是，我強迫一位研究生 Jessica Lupanow 來當我的研究員和靈感小天使。幾乎整個 2020 年間，我們都用 Zoom 碰面，細細品味每一章的 Google 共享文件。Jessica 思緒敏銳又幽默，研究能力極強。你可以在 YouTube 上搜尋「UX Strategy (2nd Edition) Book Editing Sessions」這個播放清單[1]，看看我們有趣的協作寫書視訊會議。

此外，也要謝謝以下這些人：

- 感謝 Ena De Guzman, Nico Filip-Sanchez, Lane Goldstone, Jeffrey Head, Ulrich Höhfeld, Jared Krause, Darren Levy, Sebastian Philipp, Douglas Rushkoff, Bita Sheibani, Matt Stein, Eric Swenson, Svenja von Holt, Indi Young, Marvin Zindler ，以及南加州大學 2020 年春季 UX 策略課程。
- 感謝 O'Reilly Media 出版社和編輯團隊，Mary Treseler 與 Angela Rufino。

1 Jaime Levy and Jessica Lupanow, "UX Strategy (2nd Edition) Book Editing Sessions," YouTube, 2020, *https://oreil.ly/Ezd0R*.

- 感謝我超棒的兒子 Terry，給了我一個努力奮鬥下去的理由，我想將此書獻給他以及我的媽媽 Rona。

最後，謝謝洛杉磯和柏林，兩個如此宜居、宜寫作的城市。

JAIME LEVY
於洛杉磯 / 柏林

[1]

什麼是 UX 策略？

> 行經樹林中兩路分岔，而我—
> 我踏上了乏人問津的那條
> 這造就截然不同的人生[1]
>
> —ROBERT FROST

去年，我在某個週日下午幫一位同仁規劃工作坊，開完會後心情變得很不好。也許是因為我根本不想在週末工作，也許是因為從洛杉磯的東區通勤到西區總是滿煩人的。或者可能是因為我一直不太喜歡幫 C 字輩主管們主持盛大的腦力激盪活動。不管是什麼原因，當後面那台車猛烈撞擊我的車時，吃剩的墨西哥捲餅從後座飛到擋風玻璃上，我的心情簡直跌到谷底。

對方司機和我立即從堵塞的高速公路開下來，在街道上安全地處理了剛剛發生的事故。我的車被撞壞了，油箱已經鬆動了。幸運的是，沒有人受傷。對方有保險，也不斷道歉。但無論如何，當我站在路邊，面對眼前這位陌生人，心中感到五味雜陳時，我知道下一個任務是弄清楚如何向高科技汽車保險公司 Metromile 申請第一次理賠。

Metromile 是一家舊金山的中型新創公司，透過創新商業模式和智慧車載系統的導入，來顛覆汽車保險業。他們不向客戶收取每年保單的固定保費，而是使用較低的每月基本費率加上按里程計費的定價費。雖然我住在洛杉磯，但實際上並不經常開車，因為我沒有每天都要通勤的全職工作。所以在 2018 年時，我決定試試看，如果從傳統的保險業者轉向這個科技顛覆者，每月付款會減少多少。註冊幾

1 Robert Frost, “The Road Not Taken,” Mountain Interval (New York: Henry Holt), 1916.

天後，我收到了一個小型無線 Metromile Pulse 裝置，然後我將裝置插入車上診斷連接埠來追蹤我的車輛運行資料。第一個月，每月保費下降了 40% ！我整個上鉤了。

但現在要見真章了。保險作為產品的模式是消費者支付費用，以維護自身遭遇的風險，例如：意外的健康狀況、自然災害、或車禍。通常，在事情發生之前，顧客除了付保費以外，不太會與保險公司進行互動。但是 Metromile 與傳統業者的不同之處在於不同的接觸點。例如，它有一個精心設計的行動 App，運用他們的智慧車載系統，提供駕駛人車輛的健康狀況、位置、和駕駛模式的資訊。作為一個好奇的 UX 人，我時不時就會與之互動一下。但一般來說，當美國的顧客要與保險公司接觸時，都得在一個對使用者很不友善的複雜官僚系統中穿梭。那麼，Metromile 會如何對待我和我被撞壞的車呢？也許省了很多錢，但是整個流程會更麻煩嗎？

通常，美國車主在發生事故後做的第一件事就是致電保險公司的客服熱線。一位客服代表會記下事件和另一位車主的詳細資訊，為你辦理理賠手續，這樣就開啟了保險調查的流程，然後支付理賠的費用。

但是 Metromile 用 App 來進行這個流程，我很想嘗試一下。（見圖 1-1。）因此，當我站在另一位車主旁邊時，就經歷了一段直觀的流程，直接進入了他們的理賠漏斗。它還用地理定位來找到事故的確切位置，所以我不需要記下街道標誌。此外，我跟發生事故後的所有人一樣，感到很慌張。但是 App 裡的待辦清單會協助處理所有事情：確保我有記下另一位車主的姓名和地址，將對方的駕照和汽車保險證拍照下來，蒐集所有詳細證據資料，並拍照雙方車損，以記錄損壞情況。這樣的引導方式讓我能保持冷靜，並專注於當下重要的事情。全程只花了不到 10 分鐘。

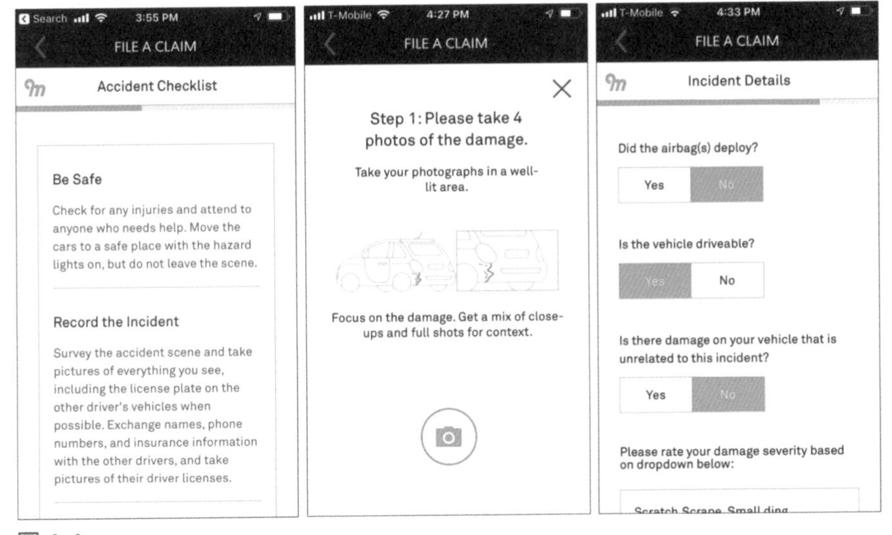

圖 1-1

Metromile 理賠流程的畫面截圖

送走另一位車主，回到家時，我收到了一封來自 Metromile 的電子郵件，信內列出了當地維修店的名單，還讓我選擇一家租車公司，這樣他們可以在我將車送到維修廠時，到現場與我見面。當車在維修時，他們提供一台很酷的黑色吉普車讓我開，而 Metromile 則與另一名車主的保險公司進行談判，讓我免於支付 500 美金理賠金額。基本上，這家新創公司不知怎麼的，將許多美國人都非常緊張的顧客經驗轉化成無痛的體驗。他們成功的不僅僅在於使用者經驗（UX）設計 [2]，而是 UX 策略。

UX 策略術語的演變

2008 年，我在 Indi Young[3] 寫的《Mental Models》這本 UX 工具書裡第一次接觸到「UX 策略」這個詞。在當時，Young 試圖將 UX 設計進階到更策略性的層次，因此，她提出一份迷你主張以及 Jesse James Garrett 的經驗策略方程式，如圖 1-2。

---

2 Andrew Kucheriavy, "How Customer-Centric Design Is Improving the Insurance Industry," Forbes, April 17, 2018, *https://oreil.ly/8-Ceg*.

3 Indi Young, Mental Models (New York: Rosenfeld Media, 2008).

經驗策略

你為產品所制定的策略不該單獨演進。即使使用經驗的價值很清楚，開發產品的整體因素應該同樣被重視。Jesse James Garrett 這樣形容經驗策略：

經驗策略＝商業策略＋ UX 策略

心智模型能把商業策略與現有使用經驗進行對照，因此，它是一種輔助經驗策略的圖表。

圖 1-2

出自《Mental Models》© 2008 Rosenfeld Media, LLC

經驗策略是個新的領域，由舊金山 Adaptive Path 創辦人 Young 和 Garrett 所提出。他們結合了來自不同領域的方法，涵蓋了商業策略和使用者研究。我那時真想了解 UX 策略是什麼意思，也想知道為什麼加上商業策略，就是經驗策略。

在我與設計公司、新創公司、和企業合作的職業生涯中，我聽過不少 UX 策略一詞的定義。不斷發展的術語的問題在於，它徒增客戶、利害關係人、招募人員、人力資源部門、大學以及最重要的年輕設計師的困惑。2000 年初就曾有類似的語義爭論，像是對「使用者經驗設計」和「互動設計」兩者相互矛盾的解釋，以及 90 年代初的「新媒體」和「多媒體」亦然。

本書第一版的 UX 策略是什麼？

在 2015 年，本書第一版裡，我提到 UX 策略是一個在設計或開發數位產品前就要先導入的流程。它是一個解決方案的願景，並能被真實的潛在顧客所驗證，證明市場的確有這樣的需求。UX 設計涵蓋許多像是視覺設計、內容訊息、易用性等細節，而 UX 策略則是一個「大方向」，比較像是上層的計畫，幫助我們在各種不確定的狀況下達成商業目標。

第一版裡收錄了 Adaptive Path 創辦人 Peter Merholz 的一段訪談內容，他表示：

> 在最理想的狀態下，是不需要 UX 策略的，因為 UX 策略就是產品的一部分或商業策略本身。我認為，我們有在朝著這個理想方向前進了，愈來愈多人開始將 UX 視為策略廣義的一部分。但 UX 策略本身獨立、獨特的概念對我們來說還是必要的，至少讓人們能重視它，並發展工具包，再整併至產品策略裡[4]。

六年後的今天，Merholz 當時所說的大多應驗了。第一版書中描述的 UX 策略至今幾乎已是產品策略的同義詞。「UX 策略」一詞通常是指在一個特定組織或公司內有策略地執行 UX，也就是 UX 部門運作的方式、如何評估和幫助團隊成長、如何擴展 UX 團隊的觸及與影響力、如何聚焦能帶來最多投資報酬率的 UX 專案[5]。它變得比較流程導向了。

那到底產品策略是什麼？

傳統的產品策略描述顧客是誰、產品如何因應當前市場需求、以及將如何實現商業目標。它是從產品願景開始，發展成路線圖，說明如何從戰術上達成目標。在企業環境中，用明確的產品策略讓利害關係人對焦是很重要的。這通常由產品總監、產品負責人、或產品經理來領導，策略流程包括將產品推向市場，開始成長、成熟，並最終經歷衰退。

但產品策略的領域也不斷在發展。現在，它更加強調透過使用者研究和設計實務來滿足顧客的需求。職稱也隨之不斷發展。UX 設計師現在變成了產品設計師，也有許多前 UX 策略師將自己的職稱改為產品策略師。也許我也會這麼做。

---

4 Jaime Levy, UX Strategy, 1st ed. (Sebastopol, CA: O'Reilly, 2015).

5 Jared Spool, "A UX Strategy Workshop Led by Jared Spool," Creating a UX Strategy Playbook, *https://playbook.uie.com*.

為什麼產品策略很重要？

所有策略的目的都是要提出計畫，幫助你從現在的位置往目標狀態邁進。策略一定要依著自己的優勢，也要留意弱點，並靠著實證、輕量的方法將團隊（你一定不會是一個人的吧！）快速地推往理想的終點。策略把設計從抽象的本質帶往批判性思考的領域，以嚴謹的方法，用清晰、理性、開放的心態看證據說話[6]。成敗往往只有一線之隔，關鍵就是紮實有效的策略，在這個數位產品的世界裡，如果團隊間沒有共同的產品願景，時間延遲、成本增加、不良使用者經驗等這些混亂就會加劇。

共同的產品願景意即團隊和利害關係人都對未來的產品抱持相同的心智模型。心智模型（mental model）指的是一個人心中對一件事情運作的概念。比如說，10 歲的時候，我認為我媽領錢的方式是去銀行，在紙上簽名，然後從櫃檯行員那裡收到現金。20 歲的時候，我知道要用提款卡，在 ATM 輸入密碼來領。但如果問我 16 歲的兒子怎麼領錢，他會跟你說，去超市買東西的時候，可以請結帳櫃檯的人員當場領給你。2021 年領錢的心智模型跟 1976 年是差很多的，因為新科技和新商業手法讓人們能更有效率地完成任務。

過時的心智模型被推翻，日子變得更好了！

這就是為什麼我很喜歡跟心胸開放的新創公司創辦人、企業主管合作。心胸開放的態度代表了他們樂於接受挑戰和嘗試，也明白他們最初的商業理念有可能無法永續經營。如果我發現潛在合作對象對一個想法非固著，沒有接受偏差的可能性，那麼他們就不需要我的幫助。我最喜歡的是那些真正想要改變心智模型，並願意用不斷嘗試來取得成果的客戶。

即使規劃創新產品很有趣，但要改變人們的行為其實很難。要能讓顧客看到新的價值，不然大家不會願意拋棄舊有的東西。開發新產品來解決困難的問題並不適合心臟不夠強大的人，你一定得要有滿腔熱忱，或至少有一點瘋狂，願意淌這灘混水，去面對所有的困境和阻礙。

6 "Critical Thinking," Wikipedia, *https://oreil.ly/J34r8*.

沒錯，就是要用這種熱情來解決問題、改變世界、讓人們日子更好一點。熱情並不是那些辭職來創業的人所專屬，許多產品經理、UX／產品設計師、或開發者都很熱血地運用科技來創造顧客真正渴望的產品。當這些人聚在一起，就很有機會能創造奇蹟，推翻過時的心智模型。

這本書的目的是要揭開 UX 策略的面紗，讓每個人都能上手使用。讀者能立即把這些 UX 策略的方法應用到不同的專案、不同的脈絡上，這樣團隊不論未來面臨什麼限制，都不會感到不知所措。本書中討論的方法對發展新產品或改進現有產品都適用，畢竟現有產品還是容易受到科技進步、新競爭對手出現、和消費者期望變化的影響，而意外縮短了生命週期。

隨著產品因使用者不斷增長而成熟，重新檢視策略是很重要的。因此，進行驗證測試以發現新的顧客族群、行銷管道、和收益流是一項永遠做不完的工作。

我會運用各種案例研究來展示策略該怎麼進行。內容中還會提及家族長輩，因為我是從父母那裡學到這種創業精神的。你們會了解，不論是擔任教導者、學習者、或實作者，這趟創業旅程都會是很棒的獎勵；也會看到無論專案是什麼、無論狀況如何，創造新產品就像搭雲霄飛車，要讓產品好好待在軌道上的唯一方法就是使用實證的策略方法，以降低不確定性。

面對不確定性的方式有兩種：你可以走安全的路，避免繞路。或者可以選擇一條乏人問津的路，看看它會帶你去哪裡。第一個選項比較直接，當然也更容易。但對我來說，開闢一條新路，更有吸引力。

[2]

UX 策略的四大信念

「故兵貴勝，不貴久。」[1]

—孫子，《孫子兵法》

恆星 UX 策略是一種透過心智模型創新來創造市場破壞的手段。我們真的沒有必要花時間和精神做一個沒什麼特別的數位產品吧？不然至少也要比現有產品稍微好一點吧？

要達到這樣的優勢，我們需要一個架構來連接所有的線索，以創造完整的 UX 策略。在這個章節裡，我會拆解最重要的信念，幫助讀者後續成功導入書中的工具與方法。你可以把這章視為策略師養成的開始。

我怎麼找到自己的 UX 策略架構？

在數位的世界裡，策略通常由「探索階段」開始。在這個階段，團隊會開始做功課，深入了解自己產品相關的重要資訊。我覺得這個過程有點像是美國律師的審前調查，為了防止「突襲性判決」的發生，律師得以要求查看對方的事實及證據，以準備足夠的反方證據。如同辯護律師，產品開發者也要有策略地避免出乎意料的情況發生。

我第一次在專案上導入 UX 策略是在 2007 年，那時我在 Schematic（現 Possible）公司擔任 UX 主管，負責歐普拉網站 Oprah.com 的設計。為了這個案子，我和其他的團隊主管一起飛去芝加哥，開始我們探索的過程。

1 Sun Tzu, Art of War, trans. Lionel Giles (London: Luzac and Co., 1910).

在那之前 15 年以來，我的專業領域都集中在介面設計，以及介面新技術（像是 Flash）的整合，開發「先進的」產品。通常我會收到一份列有上百個「必要」功能的需求文件，或是一份簡單的專案計畫，附上漂亮的設計參考圖，描述最終產品的樣貌。接著，我就把這些滿足特定使用情境的互動網站或介面地圖設計出來。因為到了這時候，通常已經來不及對產品願景的背後合理性提出質疑，只能期待設計產出能傳遞價值給使用者和利害關係人。畢竟我們也只被要求在時程和預算內把東西設計出來而已。

但那次在 2007 年，看著 UX 經理 Mark Sloan 帶著十幾個利害關係人（可惜歐普拉沒有參加！）一起參與工作坊，簡直太令人著迷了。Mark 運用一些建立共識的方法，像是親和圖、點點貼紙投票、強迫分配法[2]等方法，來幫助我們了解數位系統專案裡各類的內容和重要功能。探索過程幫助利害關係人和專案團隊檢視目標，設計出全球歐普拉粉絲們會喜愛的平台。

工作坊結束後，要在一週內整理探索階段的簡報，包含了基本的概念分析圖、一份建議功能清單、和使用者人物誌。我們原本有要求多一些時間來訪談網站的使用者，以有更多了解，但最後對方請我們直接依照內部提供的人口統計和興趣喜好行銷資料來進行。由於對這個過程沒有經驗，我天真地憑空捏造了三個完全虛假的人物誌。（正確做法請見第 3 章）

一週後，我們發表了探索階段的簡報，定義出產品願景。由於利害關係人急著想開始實作，他們馬上就點頭過關了。數位設計團隊很快地進入實作階段，經過六個多月的密切合作，上百張線框圖和功能規格表，在利害關係人、設計師、和開發團隊之間來回討論。

然而，那份探索階段的簡報卻再也沒有被拿出來參考。人物誌和提案沒有經過現有使用者驗證，利害關係人都在爭奪對自己事業群最有利的部分。儘管如此，這次的經驗對我來說還是有些收穫：身為 UX 設計師的我，終於體會到 UX 策略的潛力，這下糟了，我只能參與重視使用者研究和商業策略的專案了。

我再也不甘於只做畫圖工人了！

2 Dave Gray, Sunni Brown, and James Macanufo, Gamestorming: A Playbook for Innovators, Rulebreakers, and Changemakers (Sebastopol, CA: O'Reilly, 2010).

一年後，我加入另一間互動設計公司（HUGE），讓我更能把心力投注在比較重視使用者研究和商業策略的探索階段，也有機會在決策桌上一起形塑 UX 策略，一起決定要怎麼進行驗證，以符合目標。我再也不用因為花了很多時間去做一個連客群和商業模式都不太清楚的產品，而有受騙上當的感覺。

現在，我經營自己的 UX 策略專業顧問公司。自從我人生第一個探索階段開始，我學到了很多如何讓它變成一個可迭代、輕量的實證過程，並讓利害關係人、設計師和開發者等人能高度合作。因為當每個人都能擁有相同的產品願景，你和團隊就更有機會為產品、公司、和未來顧客改變遊戲規則。

但你必須知道，這個 UX 策略的版本是我自己的方法論，可能不見得與其他策略師用的方法相同。新的領域或方法在萌芽期多半是這樣，人們會找到自己的方法，即使在在差異之中，我們都有相同的最終目標，那就是交付顧客想要的成功產品。

好，說了這麼多，請掌聲歡迎我的 UX 策略架構，見圖 2-1。

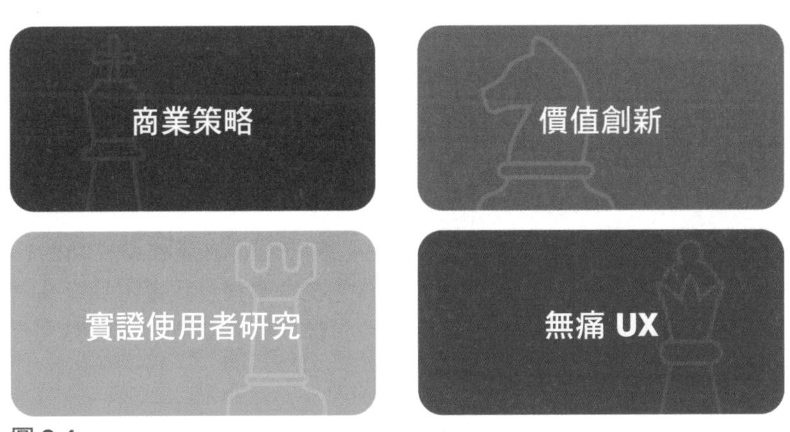

圖 2-1

UX 策略四大信念

我的方程式是這樣：UX 策略＝商業策略＋價值創新＋實證使用者研究＋無痛 UX。

這就是組成我核心架構的四大信念，你要了解每個信念如何彼此相互影響。如果無法提出創新的價值主張，只做市場研究是不夠的。如果無法驗證使用者是否想要這個產品，那麼設計無縫的 UX 也是不夠的。這就像下棋一樣。你要往前想幾步，並了解如何運用手邊擁有的棋子來達成你的致勝策略。後續章節中的方法和工具將幫助你在各項任務中擊敗對手。

經驗分享

- 探索階段是 UX 策略的起點。UX 策略的四個基礎信念是商業策略、價值創新、實證使用者研究、和無痛 UX。
- 探索階段的產出應基於實證資料，例如在將設計構想發展成線框圖和程式開發之前，先從目標族群獲得一些建議。
- 探索階段的執行方式會決定產品是否能替顧客和公司帶來真正的價值。

信念 1：商業策略

商業策略是公司的最高層次的願景，確保了組織長期的成長和永續性，管理著利害關係人的決策過程，帶來更大的營收和成功的行動。它也是核心競爭力與產品的基石。在本書裡，我會用「產品」一詞來代稱數位產品、服務、平台、和數位與非數位接觸點的混合型顧客經驗，像是 Metromile。

商業策略定義了公司用來定位自己以及實現目標的原則指南，使其能夠在市場上成長和競爭。要做到這一點，公司一定要不斷發現和利用自己的競爭優勢。競爭優勢對公司的長期營運至關重要。

成本領先 vs. 差異化

在麥可波特的《競爭優勢》[3] 一書裡，他列出兩個達到競爭優勢最常見的方式：成本領先和差異化。

「成本領先」的優勢在於提供業界最低價的產品。無論是最便宜的車、電視、或漢堡，都是屬於傳統市場優勢的競爭方式，在網路時代前的沃爾瑪百貨（Walmart）和麥當勞（McDonald's）就是如此，什麼都最划算。然而，我們今天在亞馬遜（Amazon）和優步（Uber）等公司也看到了這一點，它們在市場上保持主導地位的主要原因之一是以低廉的價格為消費者提供便利的服務。這就是大家使用這些服務的原因。當然，這些做法是有代價的，亞馬遜和優步經常被指責剝削員工和兼職人員 [4]，但這些公司還是猖獗地不斷成長。

當價格真的降到最低點以後，該怎麼辦呢？大家就要開始比誰的產品比較好了。波特談的第二種競爭優勢是「差異化」，這是創新產品開發者能盡情發揮的地方。透過「差異化」，優勢在於產品本身的獨特性或某些特點，能讓顧客感受到價值，並願意掏出更多錢來購買。

作為消費者，我們會根據自身在意的價值來選擇產品，包括產品的實用性到使用產品獲得了多少樂趣。就是這種感受性的價值，使得原本街邊的小咖啡店能夠搖身一變，成為現在的星巴克。人們會願意付台幣 150 元買一杯拿鐵是有原因的，大家買的不只是咖啡，而是體驗。這些體驗從顧客使用星巴克 App 就開始了，到踏進咖啡店取餐，一直到把杯子丟到垃圾桶後才完成。

---

3 Michael Porter, Competitive Advantage (New York: Free Press, 1985).

4 Tyler Sonnemaker, "Amazon Employees Say They're Scared to Go to Work, but They're Not Alone—Here Are 9 Big Companies Facing Worker Criticism Over Their Coronavirus Safety Response," Business Insider, May 1, 2020, *https://oreil.ly/vfuo9*.

UX 差異化如何緊扣商業策略？

差異化的使用者經驗徹底改變了整個世界的溝通方式。2006 年的時候，還沒有出現微網誌（Microblogging），當時，Twitter 限制了使用者只能發 140 個字以內的貼文，結果這樣的限制反倒變成一種新的價值，讓人們對每一次的發文更加尊重。現在，許多使用者已經不用傳統新聞媒體來獲得即時新消息，而是追 Twitter。2012 年，當颶風珊迪侵襲美國東岸時，到處都停電，但 Twitter 上卻出現了超過兩千萬則由居民、媒體和政府單位發布的訊息貼文[5]。那時，記得我也用 Twitter 把家中電視上看到的消息發文給紐約的朋友知道。

另一個因做出 UX 差異化而在競爭中脫穎而出的例子是即時地圖 App Waze。它把 GPS 導航與社群交通資訊結合，讓使用者即時獲得前往目的地的最佳行駛路線。當使用者在開車時使用 Waze，同時也為社群貢獻了交通資訊，他們也可以主動分享路況、事故、警察臨檢或各種道路危險，就像幫助附近的駕駛人開路，對前方狀況先做提醒。2013 年 6 月，這個以色列的新創公司被 Google 以十一億美元併購。現在，Waze 仍持續提供使用者其獨特的服務體驗，它所產生的資料也被整合到 Google Maps 裡[6]。Google 顯然是看上與 Waze 在 UX 合作上的優點，進而選擇吸收他們的強項，而不是與其競爭。

而像臉書（Facebook）這樣的產品，其實並不是因為比較便宜而扳倒 MySpace 或 Friendster 等對手，臉書會勝出，是因為使用者認為它們提供的 UX 差異化有價值，且每一個人都在用。2007 年開始，臉書將其大規模的使用變成一種新的商業模式，那就是銷售精準定向關鍵字廣告，靠使用者資料獲利。

2007 年，Facebook 將其大規模採用引入了一種創新的商業模式：將用戶數據貨幣化以銷售微定向廣告。正如 Douglas Rushkoff 在 2011 年在 CNN 上寫的[7]：

「在臉書上，我們不是顧客。我們是產品。」

---

5 Emily Guskin, "Hurricane Sandy and Twitter," Pew Research Center, November 6, 2012, *https://oreil.ly/IDOtj*.

6 "New Features Ahead: Google Maps and Waze Apps Better Than Ever," Google Maps Blog, August 20, 2013, *https://oreil.ly/9-3sx*.

7 Douglas Rushkoff, "Does Facebook Really Care About You?" CNN, September 23, 2011, *https://oreil.ly/DSJ-k*.

Rushkoff 想說的是，使用者應該要知道，看似免費的產品背後是有成本的，代價就是我們的隱私等。自 2007 年以來，這種商業模式變得更加普遍。今天，許多公司都透過使用者的資料來獲利，不過，世界各地的政府和主流媒體都開始對這類有爭議的做法採取行動了。

使用者 vs. 顧客

「使用者」的傳統定義是使用東西的人，而「顧客」則是付錢的人。但當我們試著將這樣的概念應用於現代商業模式時，這之間的分歧就變得錯綜複雜。

對於某些 B2C 解決方案來說，產品或服務的使用者就是顧客。Dropbox 就是一個好例子：訂閱 Dropbox 付費方案的使用者是付費顧客，而免費版本的使用者是非付費顧客。付費和非付費顧客都要能在雲端儲存平台中獲得價值，產品或服務才能成功。

但是，當廣告商等第三方加入時，這個前提就失效了。如前所述，Facebook 將使用者出售給其顧客（廣告商）。在這種情況下，使用者和顧客對產品有兩種不同的體驗。與傳統媒體一樣，沒有使用者或「觀眾」，就無法銷售廣告。因此，使用者經驗對於 Facebook 來說仍然是個重要的任務，但一切都是為下廣告而做的最佳化。

對於 B2B 解決方案，產品或服務的使用者不是顧客。顧客可能是決定公司購買軟體產品的 CTO，而使用者則是使用這些產品的員工。因此，在某些章節中，我會特別指出方法要怎麼因應調整。

商業模式圖（Business Model Canvas）

商業模式描述了組織如何創造價值、傳遞價值、以及獲益。我會在數位產品的脈絡下剖析這個通用定義。創造，是整個產品團隊設計和落實的事物，也就是行動 APP 的產出。傳遞，是將這個事物展現在顧客面前的方式，即智慧手機、APP 商店、網站上。獲益，則是事物最終被認為有價值的方式，也就是可變現的大量使用者。說明這些元素運作的邏輯，就是商業模式。

建立商業模式的過程是商業策略的基礎。Steve Blank 提到，商業模式描述的是「公司關鍵元素之間整體的流程」[8]，這句話從 Blank 的顧客開發主張而來，他呼籲產品開發者不要再寫死板的商業計畫，而是鼓勵他們運用具有彈性的單頁商業模式圖，並在商業模式中涵蓋各項關鍵元素，然後用實證、顧客導向的方法來驗證它們。接下來，我們就用商業模式圖來了解這些關鍵元素，並試做第 1 章中的 Metromile 公司商業模式圖。

在《獲利世代》[9] 一書中，Alexander Osterwalder 和 Yves Pigneur 拆解了九個商業模式的組成元件，讓願景家們能夠系統性地思考公司營利的邏輯，Black 也運用這個工具來建立自己的商業模式。書中有很多概念與 UX 策略是一致的，如下列（見圖 2-2），並按元素的邏輯順序在圖表後列出：

8 Steve Blank and Bob Dorf, The Startup Owner's Manual (Hoboken, NJ: Wiley, 2012).

9 Alexander Osterwalder and Yves Pigneur, Business Model Generation (Hoboken, NJ: Wiley, 2010).

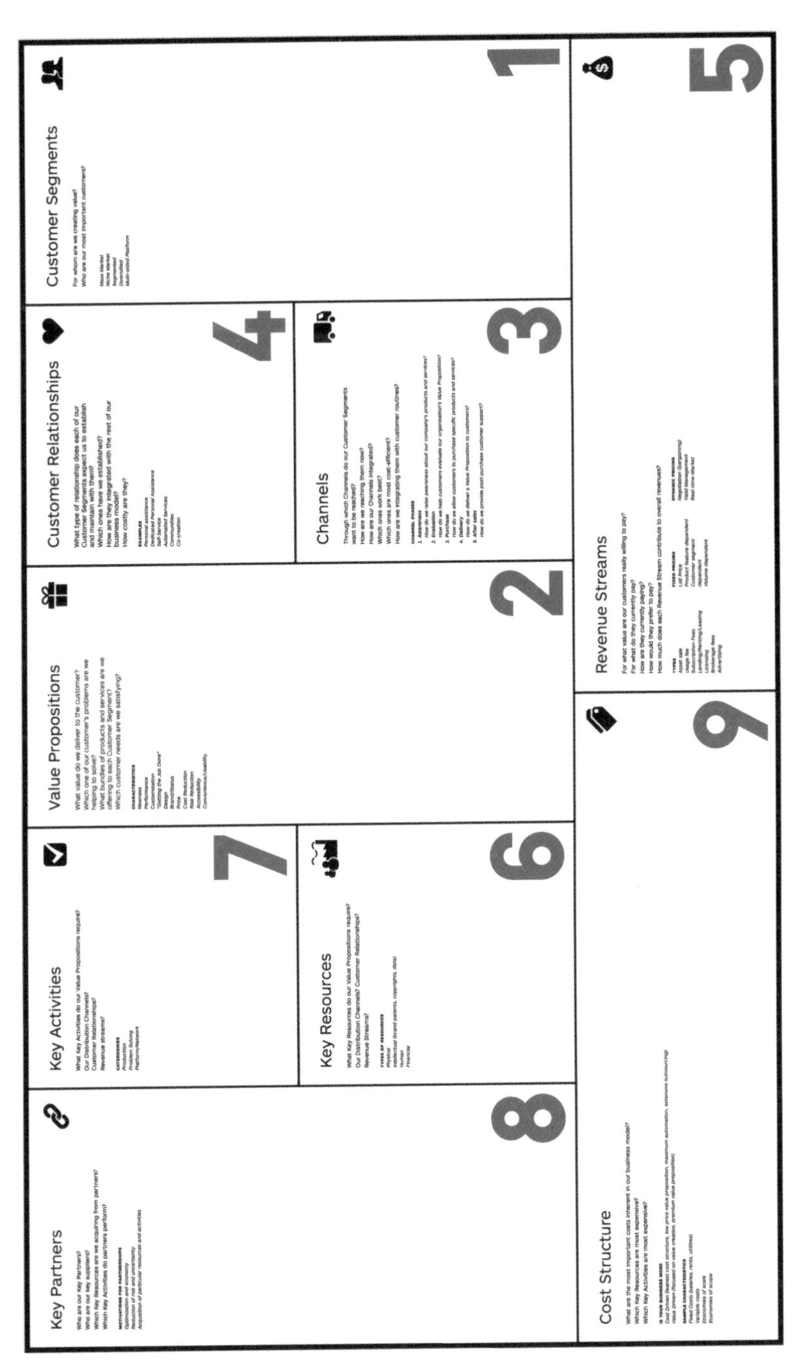

圖 2-2

商業模式圖：九個商業模式的組成元件。Osterwalder, Pigneur, et al. 2008

1. 目標客層

誰是主要顧客？可能有不只一個顧客族群，每一個客群都需要不同的產品與服務。描繪每種客群最簡單的方法是什麼？

Metromile：主要客群是美國各州 Metromile 保險有給付的低里程駕駛人。

2. 價值主張

我們承諾要帶給人們的價值（不論質或量）是什麼？

Metromile：他們最大的承諾是用按里程計費的定價模式來節省保險費用。他們還承諾提供無痛的理賠流程和功能，例如行程和油耗摘要、某些城市有街道清掃警示、以及引擎代碼解碼器。此外，也為需要部分保險政策的短期租車人提供保險[10]。

3. 通路

怎麼觸及到客群？接觸產品的所有接觸點有哪些？

Metromile：他們透過線上網站、行動 APP、社群平台、24 小時理賠團隊、以及電話、電子郵件和簡訊、臉書即時通等各種數位管道提供客服來接觸、開發潛在顧客。

4. 顧客關係

這描述了公司與顧客建立的關係型態，從私人禮賓服務到無人自助服務，哪一種？

Metromile：提供個人服務或自動化協助。與傳統服務提供者一樣，對喜歡在註冊時與人交談的顧客，他們也有提供真人電話行銷團隊。但我個人是自行在網站上啟用服務，在申請車禍理賠之前，從未與人交談過。

---

10 "Metromile and Turo Are Teaming Up to Redefine Auto Insurance," Metromile Blog, May 20, 2019, *https://oreil.ly/TfWU_*.

5. 收益流

收益流是公司賺錢的方式。公司有多種創造營收方式，包括廣告、訂閱、銷售、升級版功能、交易手續費等。

Metromile：向顧客收取月費和按里程計費的使用費。

6. 關鍵資源

需要具備什麼獨特的策略資源才能推動產品？資源可以是人力、財務、智財或物品。也可以是需要特別開發的東西。

Metromile：他們需要開發的第一個關鍵資源是一個團隊來建立他們的 Metromile Pulse 裝置，以精準取得並整合顧客的駕駛資料。然後，他們要建立一個平台，透過人工智慧和機器學習更有效地處理理賠。他們還需要開發和設計平台的人員以及理賠團隊，確保顧客獲得妥善服務。

7. 關鍵活動

要執行什麼獨特的策略來傳遞自己的主張？包括能夠開發顧客，並讓顧客能體驗價值主張的活動。也要定義幕後的活動，以確保公司能履行這些承諾。

Metromile：他們需要強大的行銷和業務、產品、設計、工程、高效率理賠流程等。

8. 關鍵合作夥伴

要找誰合作，找哪些服務提供者才能傳遞價值主張？

Metromile：在價值主張的不同方面依賴合作夥伴，例如維修廠、汽車租賃公司、道路救援、玻璃維修、和短期汽車租賃公司。

9. 成本結構

商業模式若要能成功，有什麼主要的成本開銷？有沒有固定成本？有沒有什麼地方為了節省成本而必須犧牲？

Metromile：最大的成本是顧客理賠的車輛維修。固定成本包括員工薪資、租金、電腦、網路代管服務和保險。

產品開發者可以運用商業模式圖來蒐集所有跟產品相關的假設，然後在探索階段中來回修正，本書所有工具的使用方式都是如此。但我們特別能在這個信念中看出商業策略和 UX 策略重疊之處。商業模式圖中許多的點，包括顧客族群、價值主張、收益流、顧客關係等，都是開發產品線上、線下使用者經驗不可缺少的要素，亦如之前所提到的，是發展競爭優勢的關鍵。

接著我們談利害關係人和團隊成員在探索階段合作共創的重要性。商業模式圖中的關鍵資源或關鍵夥伴不大可能由產品經理或 UX 設計師自己關起門憑空想像，而是需要利害關係人提供大量的資訊。

精實畫布（Lean Canvas）

另一個用於測試商業模式假設的好工具稱為精實畫布，由 Ash Maurya 於 2010 年，約是在商業模式圖推出兩年後提出的。Maurya 提到：「使用精實畫布的主要目標是在保持以創業者導向的同時，使其盡可能具有可操作性[11]。」這也更不言自明，並且關注需要解決的問題。看看 Metromile 的精實畫布（見圖 2-3），並與商業模式圖相互比較。數字代表各元素的邏輯順序。

11 Ash Maurya, “Why Lean Canvas vs. Business Model Canvas?” Leanstack, *https://oreil.ly/zJYVu*.

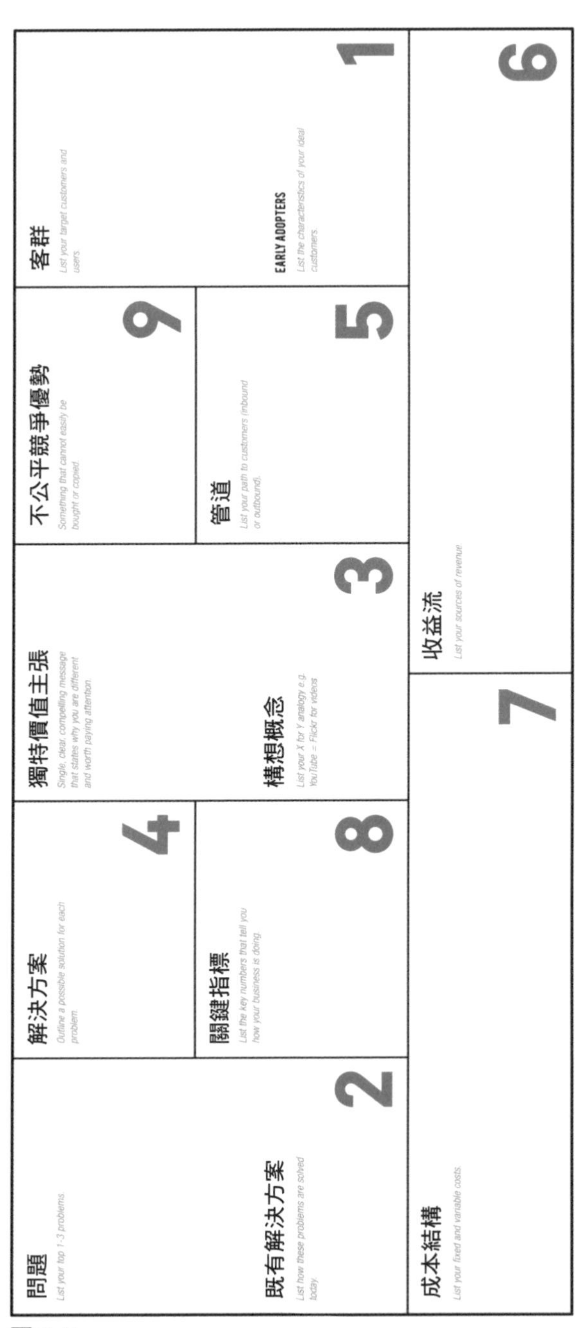

圖 2-3

精實畫布：改自商業模式圖，Ash Maurya，2010

精實畫布將商業模式圖中的四個元素（關鍵活動、關鍵資源、關鍵合作夥伴、顧客關係）換成以下元素：

2. 問題

客群面臨的三大問題。

對於 Metromile 來說，需要解決三個問題：

- 因為我很少開車，汽車保險對我來說太貴了。
- 每次要申請理賠時，經驗都很糟。
- 每次打電話去保險公司，都是無止盡的等待。

4. 解決方案

問題的三大潛在解決方案。

對於 Metromile 來說，有三個解決方案要推動：

- 按里程付費
- 無痛理賠流程系統
- 有人味的客服、流暢的使用者經驗（桌機＋行動 App），提供除了查看政策外的有用功能

8. 關鍵指標

關鍵指標是推動保留率和收益的活動。

對於 Metromile，關鍵指標是：

- 新顧客註冊
- 對理賠經驗的整體滿意度
- 高 NPS 和 CSAT 分數
- App 黏著度

9. 不公平競爭優勢

不公平競爭優勢是無法輕易複製或購買的東西。

對於 Metromile 來說，他們有這些不公平的優勢：

- ADA 理賠自動化系統
- 是按里程計費的市場領導者
- 能取得所有保單持有人的車載資通訊系統資料

當然還有其他畫布可以運用，但這兩種是最著名的。最重要的是，有了可以追蹤商業模式假設和心得的圖表，也方便與其他人共享和討論。這些工具是商業模式和產品戰略的對話起點，但並不是萬無一失的執行計劃書。

而且，隨著產品成長、市場變化，商業策略一定要夠靈活，對一個新產品來說，為了募資，策略可能常常繞著產品／市場適配打轉[12]，或盡量攫取市佔率作為其競爭優勢，但對一個成熟的公司而言，策略這件事則要試著保持公司的基礎結構和內部流程順暢到位，也就是所謂的「數位轉型」。Netflix 就是一家經歷了不止一次數位轉型的好例子。Netflix 一開始是用郵寄方式提供 DVD，但後來成為主流的影片串流服務。現在，Netflix 的原創內容已佔公司本身很大的一部分。想像一下，他們的基礎結構、系統、和員工歷經了多少改變，才能達到現在的狀態。

這就是為什麼產品早期的商業策略或競爭優勢和後期不見得一致。無論如何，在追尋變動的目標時，公司必須繼續不斷測試不同的新產品，這樣才得以壯大，保持競爭力，在瞬息萬變的市場中不斷替使用者創造價值。

12 "Product/Market Fit," Wikipedia, *https://oreil.ly/MUHoc*.

信念 2：價值創新

身為產品開發者，我們必須對市場動態有相當程度的涉獵，要理解人們為什麼、怎麼使用數位裝置，什麼是成功的 UX，什麼又是失敗的。因為 UX 的成敗往往取決於使用者與介面的第一次接觸。介面帶給使用者對產品價值創新的第一印象，進而破壞或創造了新的心智模型。

在深入探討價值創新之前，我們先來聊聊「價值」兩個字。這個詞真是太常見了，從 1970 年代開始，幾乎所有傳統到當代的商業書籍裡都能看到它的蹤影。在《管理的使命、實務、責任》[13] 一書中，彼得杜拉克（Peter Drucker）談到，顧客價值會隨著時間轉變，他提出了一個例子：青少年女生買鞋是為了追求時尚，但當她成為職業媽媽時，買鞋的重點可能就會變成舒適度和價格。麥可波特（Michael Porter）在 1985 年定義了「價值鏈」一詞，描述業界公司為其商品及服務創造更高附加價值的流程 [14]。圖 2-4 是產品製造者傳統的價值鏈。

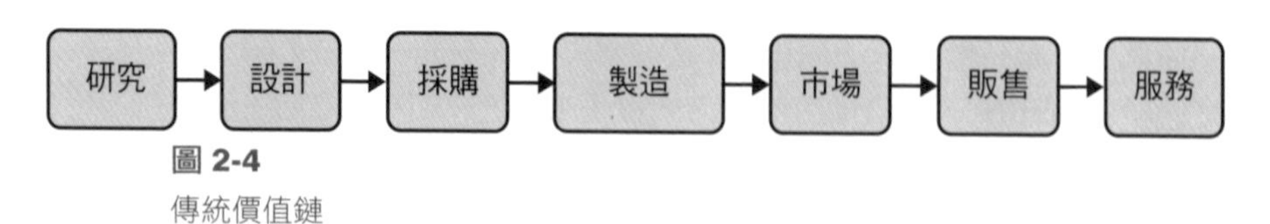

圖 2-4

傳統價值鏈

這也是豐田（Toyota）生產汽車以及蘋果（Apple）生產電腦及周邊裝置所使用的商業流程，在價值鏈內的每個活動之間，都存在企業能打敗競爭對手的機會點。但這些線性的流程只適用於實體產品，相較之下，像是 Dropbox、Pinterest、Slack 等數位產品的價值鏈可能不是線性的，它們的循環週期更快，在某些情況下還能平行運作。在雙邊市場（見第 3 章）中，收益和成本同時向左和向右移動，因為平台的兩邊都有使用者。產品在為這兩個族群提供服務的過程中產生了成本，同時也從雙方獲得了收益。公司也可以在設計或製造產品之前，或從市場或價值鏈中的「販售」開始，用登陸頁面來試水溫。（見第 9 章）

---

13 Peter Drucker, Management: Tasks, Responsibilities, Practices (New York: Harper Business, 1973).

14 Michael Porter, Competitive Advantage (New York: Free Press, 1985).

這就是傳統商業策略原則不見得完全適用於數位產品策略的原因之一。生產數位產品或混合型產品（如 Nest 溫控器）時，我們必須不斷地研究、重新設計、重新定位市場佈局，才能跟上變化迅速的線上市場、顧客價值、並維持讓產品能持續生產的價值鏈。

在 1988 年，Michael Lanning 首次提出「價值主張」這個詞，描述公司傳遞有價值的顧客體驗的方式[15]。公司要賺錢，就要提出比對手更棒的產品，且製造成本要低於顧客付出的金額。這就帶來了另一個數位產品設計的挑戰，也就是軟體、App 和其他使用者每天使用的線上服務。如之前所說，要吸引顧客來使用，產品必須對他們有附加價值，同時也必須對公司有價值，公司才能營運下去。但網路上到處都是人們毋需付費就能使用的服務和產品，若什麼都免費，商業模式要幫助公司持續發展呢？

關鍵就是價值創新。在《藍海策略》[16]一書中，金偉燦（W . Chan Kim）和勒妮莫博涅（Renée Mauborgne）提到，價值創新是在「同時追求差異化與成本下降，為顧客和公司創造大躍進的新價值」。意即，當企業將「創新」能同時兼顧「實用」和「較低成本」（見圖 2-5），便能為顧客和利害關係人創造價值。公司以追求差異化和成本優勢為顧客和利害關係人創造高價值與低價格的產品，像 Waze 把群眾外包資料變成對 Google 划算的交易，找到了自己可持續經營的商業模式。不過，要得到這些資料還是得先提供一種新的價值，才有機會大規模導入，而價值本身則是完全立基於 UX 和商業模式帶來的破壞性創新。

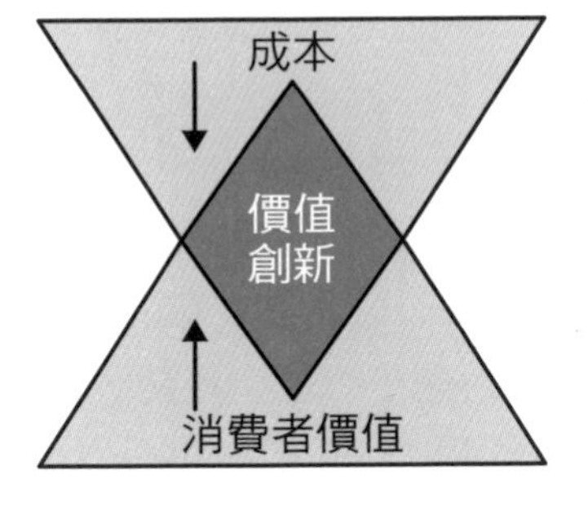

圖 2-5
價值創新＝同時追求差異化及低成本

15 Michael J. Lanning and Edward G. Michaels, "A Business Is a Value Delivery System," (Chicago: McKinsey and Co., 1988), *https://oreil.ly/3n4nS*.

16 W. Chan Kim and Renée Mauborgne, Blue Ocean Strategy (Brighton, MA: Harvard Business School Press, 2005).

「創新」是做新穎、原創、重要、且能撼動市場的事，我們回到《藍海策略》裡超過百年、跨越三十個產業的 150 個策略手法，書中談到福特 T 型車、太陽馬戲團和 iPod 這些產品背後的公司如何進入藍海市場勝出，而不陷落紅海。一個充斥著相近產品的飽和市場稱之紅海，紅海以瓜分需求、降價競爭為本位甚至秤斤論兩求售產品，相對的，藍海則是創造沒有人與其競爭的新領域，一切是一個自由取用的狀態。不只是打敗了競爭對手，更是讓競爭變得毫無用武之地。

產業界裡，消滅對手的競爭模式是來自於軍事戰略，在戰爭中，戰役通常在特定的地形中發生，當一方欲取得另一方擁有的物品，不論是石油、土地、貨架空間、關注度，廝殺就會變得很慘烈。在藍海中，機會點不被傳統的框架所限制，你可以試著打破一些還不是規則的規則，或甚至乾脆用自己制定的遊戲規則來創造一片零對手的天空。這也稱為「類別創造」。

當我們把藍海策略運用到數位產品的世界時，一定要認同在未知的市場中一定存在著更多的機會，二十一世紀裡，一個成功利用藍海市場的優秀例子就是 Airbnb。Airbnb 是一個「社群市集」，提供大家刊登、尋找和預定住宿，從洛杉磯的樹屋到法國的城堡，上面有各種形式的住宿。

當屋主期望有額外收入時，它提供了一種更安全、更輕鬆的方式來轉租房間或整個房子。它也為旅行者提供了一種更安全、更簡單的方式來預定一個較不觀光、價格更實惠的住宿。然而，它產生了創辦人沒有預想到的意外後果。Airbnb 對全球租屋者的日常生活產生了負面影響，也帶來了租賃市場的上漲，導致只剩有錢人才能住得起都市。無論好壞，它的價值主張完全擾亂了旅遊業和住房市場。

「破壞性創新」這個名詞是克雷頓克里斯汀生（Clayton M . Christensen）在 90 年代中[17]《創新的兩難》一書中提出的。他分析了科技公司的價值鏈，區分出兩種創新，一種是維持性創新（Sustaining innovation），另一種是破壞性創新（Disruptive innovation）。維持性創新是指為現有顧客開發品質更好的產品，

17 Lawrence M. Fisher, “Clayton M. Christensen, the Thought Leader Interview,” Strategy+Business, October 1, 2001, *https://oreil.ly/bBpYH*.

而破壞性創新則能對穩定競爭對手攻其不備。克里斯汀生提到，破壞性創新通常是「產品或服務，從市場的最低點紮根向高端市場挺進，及至顛覆並取代最強競爭對手的過程」[18]。

破壞者能擾亂市場，並最終創造新的贏家和輸家，讓「破壞性」這個詞變得滿有有挑釁意味的。如果公司不進行自我管理，「失敗者」就會開始抱怨，直到政府透過新的立法來介入。這就是為什麼矽谷的口號「快速行動、打破陳規（Move fast and break things）」在道德上有缺陷且過時[19]的原因。（更多資訊，見 Ethics & Compliance Initiative 網站的工具[20]，和 Mike Monteiro 的《Ruined by Design》[21]。）

但在 Airbnb 的破壞導致這些問題浮上檯面之前，它結合無痛 UX 設計和迷人的價值主張，實現了價值創新。就像之前所說的，當 UX 和商業模式有了交集，真正的價值創新就會出現。在這個例子裡，Airbnb 打破並重新建立了遊戲規則，它們的交集在藍海裡產生了。

比方說，在 Airbnb 之前，Craig's List 本來是租屋的主要平台，不過整體來說，用起來有一點怪怪的，過程也不太安心。現在，我們可能認為驗證過的使用者個人資料和評價（見圖 2-6）是理所當然的，但當時，出租房源要列出什麼資訊，是由屋主決定的。但 Airbnb 要求顧客改變心智模型，把身為好屋主和好旅客的社交禮儀作為經驗的核心。透過促進這種使用者經驗，雙方都對去住陌生人家或接待陌生人感到滿意，Airbnb 實現了一個新的子經濟，以品質和信任視為價值的主要指標。

---

18 Clayton Christensen, "Disruptive Innovation," Clayton Christensen, *https://oreil.ly/wj8Kz*.

19 Hemant Taneja, "The Era of 'Move Fast and Break Things' Is Over," Harvard Business Review, January 22, 2019, *https://oreil.ly/RiK8S*.

20 "Seven Steps to Ethical Decision Making," Ethics & Compliance Initiative, *https://oreil.ly/qCD_p*.

21 Mike Monteiro, Ruined by Design: How Designers Destroyed the World, and What We Can Do to Fix It (Mule Books, 2019).

Airbnb 的商業策略也確保了使用者之間的平等。它迎合了雙邊市場，也就是刊登的屋主和訂房的旅客。更透過一些功能，像是日曆、地圖瀏覽、和其他競爭對手如 VRBO、Homeaway 或 Craig's List 都不曾做到的無縫交易系統，創造了難以估量的價值。最終，Airbnb 提供了更友善的平台，幫使用者把遇到怪人的風險降到最低，加上公平市場定價，整個服務為顧客、使用者、利害關係人、甚至旅遊和房地產市場帶來的創新經驗，創造了巨大的市場破壞。它在線上和線下都具有競爭優勢。

當我們看 Metromile 的價值創新時，它也將無痛 UX 設計與誘人的價值主張相結合。在降低成本方面，他們在顧客（駕駛人）和公司的關鍵活動上做得很好，如第 1 章所述，我的每月保費與傳統保險公司相比降低了 40%。他們的營運成本也較低，因為使用了自動化 AI 理賠系統 AVA，該系統利用人工智慧和機器學習來優化理賠流程。

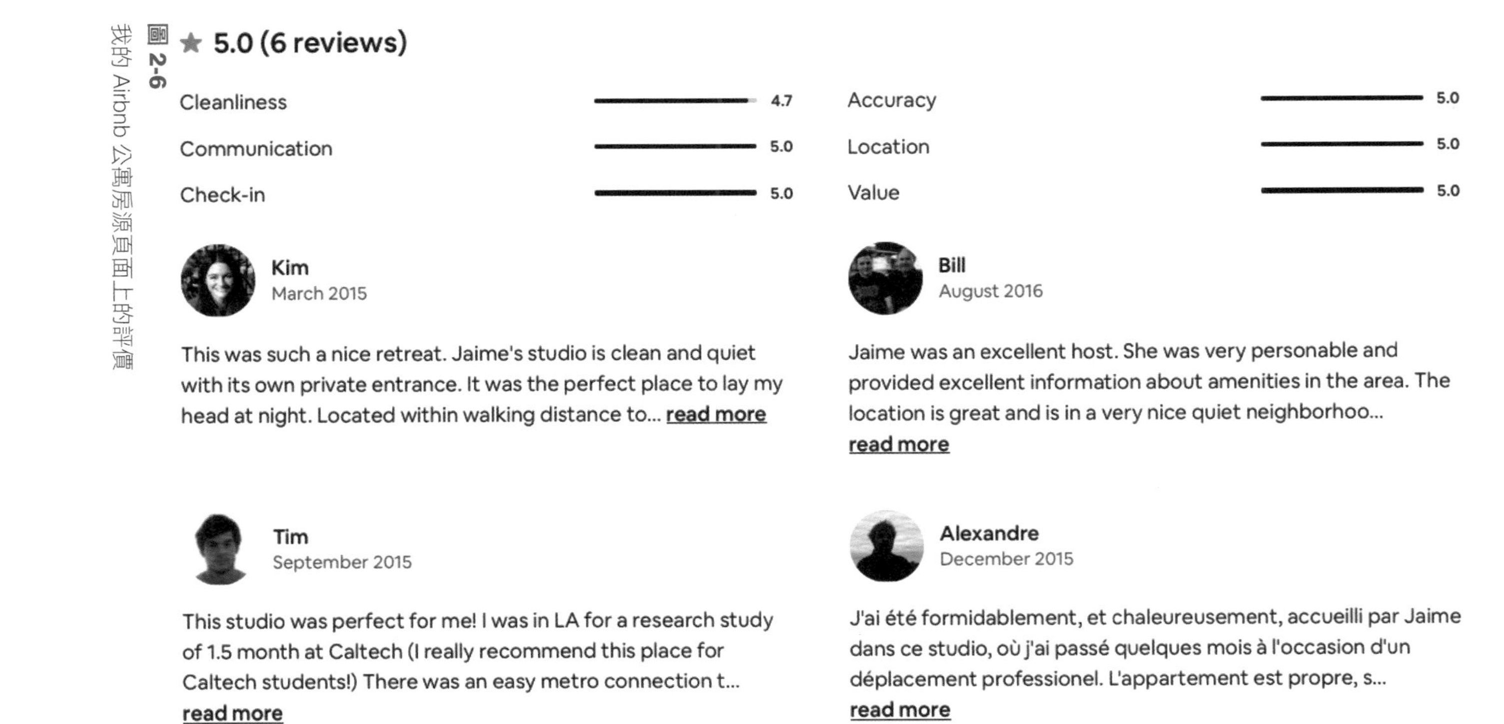

圖 2-6
我的 Airbnb 公寓房源頁面上的評價

正如 Metromile 產品副總裁 Matt Stein 所述，「駕駛人的主要成本之一是所謂的損失調整費用（LAE），也就是投保人在申請理賠時，從理賠理算員到各式工具的使用上衍生的費用。」當需要申請理賠時，他們的系統真的是無痛的。由於線上和線下的體驗串連得當，整個服務為顧客害和利害關係人帶來的價值創新，創造了巨大的市場破壞。

其他還有很多產品透過結合成本領先的價值創新以及差異化，在藍海市場全面性的破壞現狀。它們 UX 策略的最終目的，就是讓人們的日子過得更好、用新的方式吸引顧客，並打破心智模型。Waze、Spotify 和 Eventbrite 等公司，分別顛覆了人們導航、聽音樂、和辦活動的方式。其實，我就曾用 Eventbrite 測試過我的一個想法。我猜想可能會有不少人想了解 UX 策略的知識，因此我利用 Eventbrite 來試水溫，結果很快地賣了一場 60 人，每人台幣一千三百元的講座。如果當時沒有 Eventbrite 這個推廣平台讓我做實驗，現在大概就不會有這本書的存在。感謝 Eventbrite 提供了舉辦售票活動的價值創新，這是像 Meetup 等平台沒有做到的。

信念 3：實證使用者研究

產品失敗的主要原因，常是因為沒有看清產品是否真的有價值。利害關係人是夢想家，會去假定什麼是對顧客有價值的，而不是驗證，就像是凱文科斯納（Kevin Costner）的電影《夢幻成真》一樣，創業者相信只要把東西做出來，使用者就會自動上門來用。但事實上，每一項新產品都是一個風險。

同樣的陷阱也可能發生在 Metromile 身上，但他們是親自去把潛在顧客追到手。當公司在波特蘭進行試運行時，他們到一個騎自行車騎士常經過的地方，當場攔下騎車的人，看看他們是否對這種新的按里程計費保險感興趣。團隊用 iPad 向這些潛在顧客提供報價，賣出了幾張保單。透過這第一批的接觸，讓他們有機會隨時調整使用者經驗和商業模式。

使用者研究可以用來確認對於潛在或現有顧客的目標和需求，進而驗證自己走的方向是對的。進行研究的方法有很多，像是田野調查、脈絡訪查、焦點團體訪談、日誌法、卡片分類法、眼球追蹤法、人物誌等。這邊先不談傳統方法，我們來談談精實創業。

現在可能很難想像，但在 2011 年艾瑞克萊斯（Eric Ries）的《精實創業：用小實驗玩出大事業》[22]（想必各位早已拜讀）爆紅之前，企業主其實並不認為「儘早且經常地」面對顧客是一件必要的事。精實創業所強調的實證、快速推進、透明化等概念，取自 Steve Blank 的顧客開發方法[23]和設計思考方法論。當然，很多組織有找 UX 設計師做「使用者導向」的設計（相對於工程導向），但精實創業則是更進一步將實證研究視為產品進展的成敗關鍵。

精實創業認為使用者研究必須是可量測的。從這裡，我們可以導出第三個信念—實證使用者研究。「實證」是精實創業方法的秘密武器，是一個確認特定客群認同產品價值的過程，沒有實證，基本上就形同直接假設顧客一定會用你的產品。實證使用者研究不只是進行觀察和對潛在使用者建立同理，這是一個面對現實的過程，與使用者互動，注重他們的直接回饋，這樣能幫助團隊判定產品或服務的願景會是美夢還是惡夢一場。

Eric Ries 推廣了最小可行性產品（MVP）一詞，簡單來說，意思是先做出產品價值主張的核心功能，藉此來測試潛在顧客的反應[24]。愈早讓顧客認同價值主張，風險就愈小，假如使用者不滿意，我們不是「軸轉調整（pivot）」客群，就是調整問題面向，讓我們的價值主張有辦法伸展。

要做 MVP 的迭代，團隊必須進行研究，在落實解決方案前先驗證過。這能幫助團隊鎖定正確的顧客而不是只有大概的人物誌。當你驗證確認了一個亟需被解決的真實痛點，就可以開始加上功能，再用一些研究方法來測試，這就是所謂精實創業的開發—評估—學習（build-measure-learn）的回饋循環，在後續會討論到。請運用研究來驗證決策，確保產品願景和使用者需求一致。

---

22 Eric Ries, Lean Startup (New York: Harper Business, 2011).

23 Steve Blank, The Four Steps to the Epiphany (Plano, TX: K&S Ranch Press, 2005).

24 Eric Ries, The Startup Way (Manhattan: Currency, 2017).

實證使用者研究是集眾人合作的過程，愈多產品團隊成員參與愈好，合作才能真正自然地幫助團隊建立對於價值主張和任何調整需求上的共識。聽起來或許有點天真，畢竟大家都在不同環境下與許多不同特質、不同位階的人一起共事。在一個企業環境裡，本來就有很多利害關係人會根據自己個人時程或偏好對產品持不同立場，我在設計公司工作時，產品需求通常都在我參與不到的需求搜集階段就定案了，提出做實證使用者研究或用 MVP 來測試設計的建議根本是悖離公司常規的大忌，因為這違反了公司的定價模型。

如果你也身陷類似的狀況，就是成為「內部創業者」的最好時機。企業內部創業是指在一個在龐大組織下，用創業者心態工作的行動，秉持冒險與創新精神，把產品的命運掌握在手中，開口要求多一點時間進行使用者研究，採用不費力的游擊式方法，例如去員工餐廳找符合人物誌的人，或進行快速的線上問卷。

大多數人對創業或內部創業感到害怕，因為大家不喜歡風險。但我用更存在主義的觀點來看待冒險的概念，我認為無所作為的風險對我們的職涯和對事物的熱忱，才是更大的威脅。這正是我在歐普拉專案中建立虛擬人物誌時，沒有做到的事情。如果能重來一次，那麼 2007 年的流程應該是這樣：

1. 聯繫身為歐普拉秀粉絲的朋友們
2. 用 10 美金的禮物卡，換他們 10 分鐘的時間
3. 在他們瀏覽網站時，進行電話訪談，約 7-10 人
4. 將訪談發現綜合到人物誌裡，並整併到專案簡報中

的確，這些樣本很少，還會多花我 100 美金和兩個晚上。但若能得到使用者研究的經驗和洞見，這些只是小小的代價。

除非你完全接觸不到目標顧客，否則一定要盡快確認自己的想法是不是毫無價值可言，要抱持開放的心胸來測試，並接受失敗。沒錯，這就是一場賭注，還是兇多吉少的那種，但這種方法是更有成本效益、更有意義、也更快速。

信念 4：無痛 UX

「使用者經驗」、「UX」是人們使用數位產品來達成某個任務或目標時，經驗的主觀感受。用起來簡單或困難？感到開心或挫折？覺得很有幫助還是沒什麼用？產品的 UX 就是那個差異化的優勢，也是對抗競爭對手的武器。

傳統上（容我把這個詞用在這只有三十年前的領域上），UX 設計指的是設計開發的產出，像是網站地圖、線框圖、使用流程圖、功能規格等，公司企業招募的 UX 設計就是找能做這些事的人，包括互動設計師、資訊架構設計師和 UX 設計師等，這是一般公司對 UX 設計的定義，也是目前業界的工作內容，因此，在「傳統」框架下的 UX 設計師多半被迫在既定時程下完成工作，而非用好的設計來發揮產品所長，來提升顧客忠誠度。

許多新手產品負責人常常沒有認知到 UX 決策和顧客獲取率、保留率、以及收益系統之間的密切關係，也就是 UX 對他們的商業策略其實有很大的影響。光看線上交易網站，或一個簡單的註冊流程就知道。在處理這類入口的 UX 設計時，要特別注意使用者在操作上的門檻，因為這些門檻可能會導致原本被產品吸引過來的人最終無法成功轉換為顧客。UX 策略師應該盡一切可能，在符合設計道德的前提下，提高顧客黏著度。

介面和使用者流程應該要能帶來成功的結果。一切都與產品的簡單易懂、黏著度、和實用性有關。新手 UX 設計師和專業 UX 設計師不同之處就在於此，後者知道如何用下列方法來引導產品的價值創新：

- 與潛在使用者或現有的重度使用者直接對話，發掘並驗證與主要問題相關的基本功能。我們會在第 3 章和第 8 章中提到更多與顧客和使用者對話的內容。
- 對當前市場進行競品研究和分析，找到可以導入的機會點，從而改善人們的生活。我們會在第 4 章和第 5 章中了解更多有關市場空間的調查。

- 協助決定產品的關鍵功能。運用故事板方法，把主要的經驗簡單且優雅地串起來，我們會在第 6 章描述探索價值創新的策略。
- 快速建立用於測試商業構想的原型，透過設計和結構化測試來驗證假設。我們會在第 7 章中詳細了解這些內容。
- 從概念的一開始就和利害關係人與團隊成員一起合作。透過可量測的結果，設計決策便能根據真實證據而非直覺來制定。我們會在第 8 章和第 9 章中討論量化和質化研究方法。

消除日常生活中的「痛」

當產品能讓使用者願意主動做一些事，來讓他們的生活變得更輕鬆或更美好，就是成功的。作為產品設計師，我們的目標是消除或減少各種互動之間的阻力，讓使用者「感覺」命運掌控在自己的手上。現在人們可以用科技輕易達成許多在過去很困難的事。

像我個人就不太會看地圖或搭乘大眾交通工具，特別在不會說當地語言的國外旅行時更是如此。這就是為什麼倫敦新創公司的大眾交通工具 App 「Citymapper」成為我最喜歡的無痛 UX 好例子。這個 App 讓我可以自由地在陌生城市裡搭乘各種大眾交通工具，不會迷路。

在接下來的 12 個畫面截圖中（見圖 2-7 到 2-18），邀請你一起來一趟柏林的旅程。在一個陽光明媚的星期天下午，我出門跟一位朋友 David 見面，他是來自紐約的旅外作家。在不到一個小時的時間裡，我要從普倫茨勞爾貝格到十字山區，去那裡的跳蚤市場找他和他的女兒。出發囉！

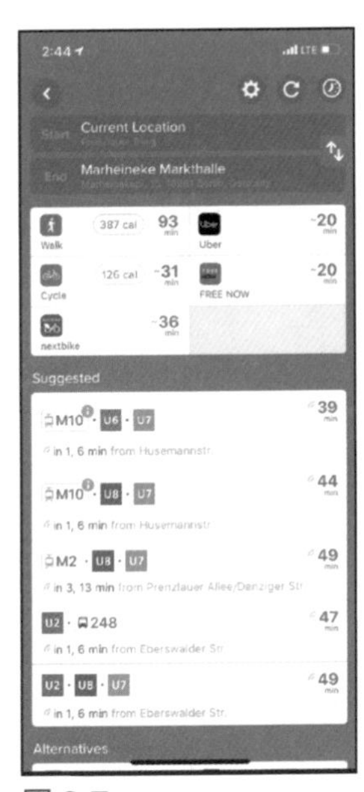

圖 2-7

首先查看路線選項

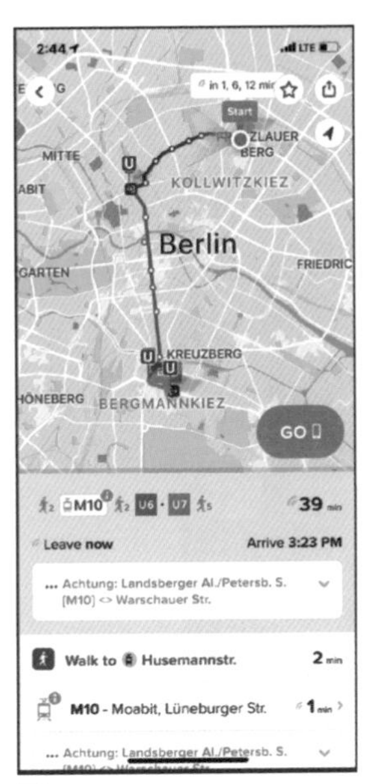

圖 2-8

查看整個行程，步行至輕軌電車站

圖 2-9

在站台上，看板顯示電車會準點抵達

圖 2-10

搭乘時，我看到我正在接近七站中的第二站

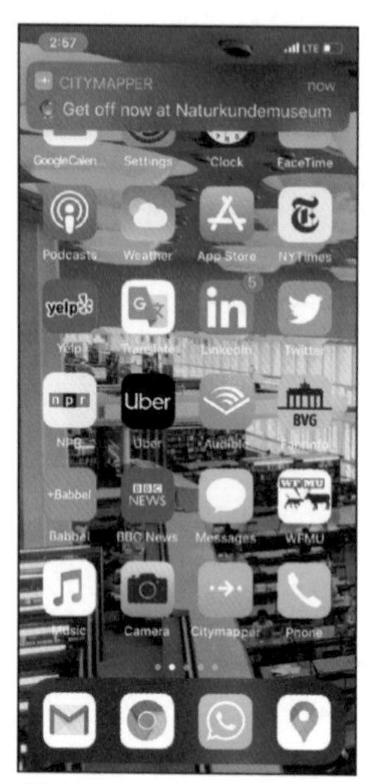

圖 2-11

手機收到提醒，下一站要下車

圖 2-12

在地鐵站台，App 提供車廂座位的最佳建議

圖 2-13

列車在預計的時間進站了

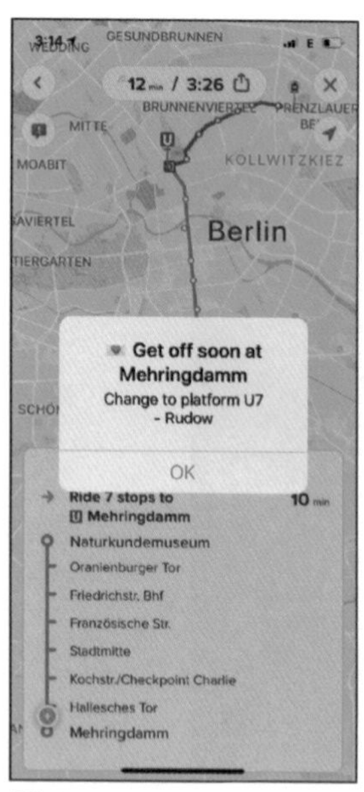

圖 2-14

手機提醒我要準備在下一站換月台轉乘

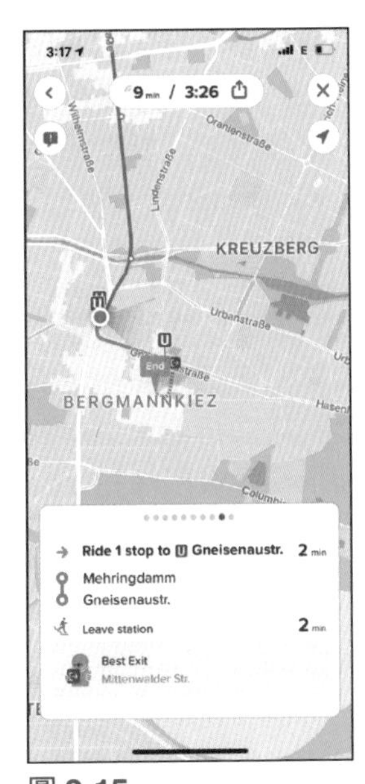

圖 2-15

App 提示下車後出站的最佳出口

圖 2-16

查看步行路線，以及所需時間

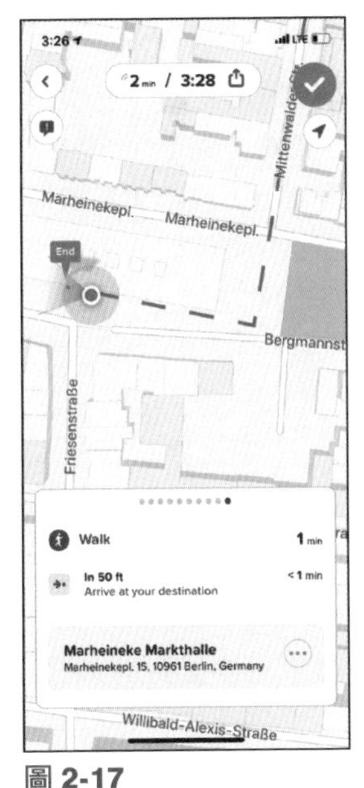

圖 2-17

看到了步行路線的終點，並把手機收起來

圖 2-18

我準時在跳蚤市場與我的朋友和他女兒見面

如你所見，每一步我都知道自己在哪裡、下一步該做什麼，也幾乎精確地引導我順利搭一班電車、兩班地鐵、和短途步行到達目的地。途中，App 就像牽著我的手，對該坐車廂哪個位置、要從哪個車站下車提出建議，讓我一路順暢。多年來，Citymapper 一直是我生活中不可或缺的一部分。

像 Citymapper 這樣的產品能發展地這麼完善，並不是靠著思考商業企劃書、做一週的設計衝刺、兩週的 UX 探索，而是花費經年累月的測試、失敗和迭代嘗試才能達成。正是從策略曲折中產生的洞見，孕育出令人驚艷的產品設計。這就是創辦人和幕後團隊在結合產品商業模式構成元素時，承擔風險的精神。他們不斷調整策略，換來了死忠的顧客。

在本書中，我會介紹幾個具備無痛使用者經驗的案例，這些好的 UX 設計並不是靠運氣「偶然發生」，也不是什麼「天才的設計」，而是厲害在四大信念的展現。只有藉由不斷實作和清晰的思路，我們才能真正理解產品本身有形和無形的一切。

本章回顧

UX 策略是經驗的實踐。它的意義並不在於直接制定並執行完美的計畫，而更像是研究現況、分析機會點、進行測試、失敗、學習、然後迭代嘗試，直到做出人們真正接受的東西為止。發展 UX 策略時，必須承擔風險以及接受失敗，要學會如何用小而確切的測試來聰明地失敗，確保策略能有效引導團隊，走在正確的航道上。

[3]

定義初步價值主張

> 要了解一家企業，必先知其目的。而既然企業是社會的一份子，其所要達成的目的或使命勢必落在企業以外的社會中。企業的目的，只有一個正確而有效的定義：「創造顧客。」[1]
>
> —彼得杜拉克（PETER DRUCKER），1973

在專案的一開始，先不要定義解決方案，要先弄清楚你想要解什麼問題，以及要為誰解這些問題。有很多事情要考量，要是弄錯一步，夢想就很有可能化成幻想。因此要穩紮穩打，深入探索信念 1：商業策略；和信念 3：實證使用者研究（見圖 3-1，若需要複習 UX 策略的四個信念，請見第 2 章）。在這個章節中，你將會學到如何建立價值主張，這是你一定要具體化讓顧客看見的部分。接著，進行顧客探索以了解顧客樣貌，也確認他們是否對你提供的價值主張抱有強烈的需求和渴望。

實證使用者研究

圖 3-1

信念 1 和信念 3：商業策略和實證使用者研究

1 Peter Drucker, Management: Tasks, Responsibilities, Practices (New York: Harper Business, 1973).

電影製片的價值主張（上）

八年級時，我會假裝肚子痛讓媽媽帶我一起去上班。她是華納兄弟伯班克工作室的法務秘書，我最愛在外景區晃來晃去，躲在佈景內看劇組人員拍攝電視劇或電影，真是太夢幻了。1978 年當時的我，實在想不到比這個更酷的工作了，這就是為什麼當 2012 年某位大牌電影製片約我在同一個景區開會時，我會特別興奮的原因吧。這位製片找我討論看他的一個產品概念有沒有「搞頭」。

淡入：

外景小屋一日

鏡頭從遠景進入，往上平移至小屋的窗戶。

轉場：

內景小屋一日

製片助理帶領 UX 策略師 Jaime 進入屋內。電影製片 Paul 坐在桌前，他站起來向她打招呼。他們握了手後分別坐下。助理離開房間。

Paul

我有一個商務平台的概念，不知道妳能不能幫個忙。

Jaime

說來聽聽吧。

Paul

是有點像亞馬遜網站的願望清單，專門幫忙碌的男士購買衣物。

Jaime

可以描述一下這位「忙碌的男士」嗎？

Paul 整個人顯得很興奮，身子往前傾，比手畫腳地向 Jaime 解釋了一番。

Paul

他是個人生只有工作的人，賺很多錢，但沒空花。他很愛高級產品，但討厭購物，覺得要和銷售人員周旋很煩人，但他還是想要享受 VIP 待遇。

Jaime 往前坐了一點，手放在膝蓋上。停頓思考了一下才開口。

Jaime

還蠻具體的，但你認為這是大部分忙碌男士的問題嗎？你覺得需要被解決？

Paul

沒錯！我覺得非常需要！

在洛杉磯，很容易遇到推銷（pitch）電影構想的好萊塢人士或推銷產品構想的科技新創人。有趣的是，這兩種人還真像，他們都希望開發原創又引人注目的東西來賺大錢，也都需要募到一大筆資金來實踐想法。募資要成功，他們必須「編織」一個好的故事來說服潛在的利害關係人和投資者，讓他們相信外頭有一大群人會買單。

大部分的投資者都知道成功機會並不是那麼高，因為市面上到處都是爛片和爛 App，但如果東西真的很棒，投資報酬率也可以是極高的。不只是賺錢的理由而已，「爆紅」也是產品開發者、內容提供者成就感的來源。我們想要做一些對人們有用又有意義，甚至連長輩都愛用的東西！

然而，拍電影和開發數位產品有一個最大的不同點。電影採用的策略不論是大卡司、續集電影還是老梗劇情，在製作一部片的過程中，通常很難有機會用回饋來「降低風險」，當然拍片的人可以先對目標市場進行早期試映，但到了那個階段，重拍已經是負擔不起的選項。但對數位產品來說，你可以把概念先用低精細度的方式「測試市場」，這樣能讓團隊儘早面對現實，確保每個人都走在對的路上。除非你真的愛上賭博的風險，不然真的沒必要一直待在夢幻島上。

經驗分享

- 利害關係人（或你自己）很喜歡產品，不代表其他人會喜歡。大多數新創會失敗就是因為市場不見得需要他們的產品。
- 帶領利害關係人和團隊一起，一分證據說一分話，一定要讓各種假設轉為事實。
- 不要把利害關係人或團隊所說的一切信以為真。要了解潛在顧客想要的是什麼，就直接去跟他們接觸。

價值主張是什麼？

一般來說，價值主張像是一段簡單扼要的介紹，用來傳達顧客如何能從你的產品或服務獲益。可以想成一場「電梯簡報」，濃縮成容易記憶、吸引人的句子。以下是一些知名產品的價值主張：

- Airbnb 是一個提供人們刊登、尋找發現和預訂世界各地特色住宿的線上平台。
- Waze 是一款行動導航 App，提供駕駛人即時地圖、即時路況更新和其他道路資訊。
- Slack 是一個企業軟體平台，幫助各種規模的團隊和公司進行有效溝通。

無論是哪個領域，作為一個產品開發者，我們總是會不斷地推銷或被推銷產品的價值主張。想想在 Airbnb、Waze、Slack 成為家喻戶曉的品牌之前，已經修正價值主張不知道多少次，直到與投資人情投意合為止。

價值主張在初期發展時被打斷是很常見的。多半是因為團隊或創辦人還不知道怎麼好好敘述他們的構想，所以只會使用已知的參考資料。套句在 1992 年獲獎電影《超級大玩家》中的一個諷刺笑話：一名編劇表示他的電影創意是「《遠離非洲》加上《麻雀變鳳凰》」。這種速成在數位產品世界也很常見，事實上，有個網站 itsthisforthat（*https://itsthisforthat.com*）就提供了「價值主張產生器」，圖 3-2 是我用它產生的一組價值主張。

讓我們來拆解這個網站的價值主張公式：〈B ＝某種顧客或需求〉界的〈A ＝某知名平台或 App〉

基本上這個「A」描述的就是產品的神奇能力。Tinder 的「A」指的是「簡單的一個滑動手勢，立即向對方表達喜歡」。Waze 的「A」則是「透過周遭使用者提供的即時路況資訊，使用替代路線以避開塞車路段」。所以我們知道，「A」是一種心智模型，是人們了解產品內涵以及使用的方式。

圖 3-2
產生器產生的價值主張：婚宴場地的 Airbnb

「B」則描述了特定族群的需求或目標。Tinder 的「B」是人們想透過簡單的方式，不用花時間填寫交友資料就能「找伴」的需求。Waze 的「B」是駕駛人寧願繞個路也要試圖避開車潮的需求。「B」讓我們知道誰可能會需要「A」、為什麼需要，這個公式讓我們能更快地表達出解決方案。

但價值主張若不能解決真正的問題就沒有價值。這裡說的問題指的不是膝蓋擦傷這種小問題，而是斷腿程度的痛點，阻礙人們達到目標，想做卻做不到的問題。若能解決這些問題，就能讓一大票人開心。因此，在提出解決方案之前，你得先努力了解你想解決的問題和面對的人，打造產品很花錢也花時間，靠直覺來開發新的創新產品完全是件冒險的作法。

因為，假如你想錯了呢？

或老闆想錯了？

客戶想錯了？

甚至那位成功的電影製片也想錯了？

或是用產生器得到的那個價值主張錯了？

答案很簡單。如果抱持直覺的那個人錯了，而團隊在錢燒光之前都沒發現的話，那麼大家就做不出「成功的」價值主張，只成功地浪費了資源。請別忘了，這只是產品策略的起步階段，千萬不要對任何構想太過投入，特別是在還沒與真正的顧客驗證過他們真正的渴望之前。

如果不想住在夢幻島上 ......

請跟著這五個步驟做，後續會提到細節：

步驟一：定義主要客群。

步驟二：釐清客群（最大）的問題。

步驟三：根據你的假設，建立暫時性人物誌。

步驟四：進行顧客探索研究，驗證或推翻解決方案最初的價值主張。

步驟五：根據你所得到的證據，重新評估價值主張！

重複這幾個步驟，直到出現強烈的可量測的信號，代表有走在正確的道路上。

步驟 1：定義主要客群

因為你們開發的是全新的產品，所以顧客數是從零開始的。如果你一開始就想討好所有人，請三思，否則你將會在顧客開發上陷入苦戰。試想，吸引所有人來使用你的產品，或吸引真正需要的人來用，哪樣比較容易？很多熱門產品都是從一個特定的小範圍開始做起的，當臉書上線時，它是哈佛大學學生專用的平台，不是全世界。Airbnb 利用 2008 年民主黨全國代表大會期間來測試其服務，甚至 Tinder 也是在南加大對大學生進行產品試行[2]。

顧客族群是一群擁有共同需求的人，可以是由人口統計、興趣喜好、行為變量來定義。客群的例子包括感覺被傳統汽車保險公司騙的低里程郊區駕駛人；難以找到對象的 30 多歲巴西年輕人；以及生活在大城市、迫切需要練習場所的搖滾音樂家。你主要客群的痛點一定要夠痛，因為要人們從熟悉的形式換成不熟悉的實在是一大風險。

我們回到電腦產生的那段價值主張，假想一下最主要的顧客。到底是誰要規劃婚禮呢？嗯……如圖 3-3 所示，應該是準新娘？決定好後，就從這裡繼續吧！

圖 3-3

典型簡報第一頁的雛形，寫著產品名稱和價值主張

2 "Tinder and Bumble Are Throwing Parties at Frat Houses," Inside Hook, August 21, 2019, *https://oreil.ly/q3VlH*.

步驟 2：釐清客群（最大）的問題

問題應該要夠具體，也要能寫成問題陳述。問題陳述是從顧客的角度，對要解的問題進行的簡短、清晰的說明。在問題實際得到驗證之前，問題陳述不應以解決方案為前提。若能讓產品團隊聚焦於問題陳述，這樣在構思解決方案時，就更能保持開放的心態。

這就是為什麼你必須接受，團隊目前完全只是根據假設在行動，這也是產品開發的第一步。假設是你心中假定的事實，例如，「科技產業的人都會修電腦。」或者，「我們的客群喜歡純素冰淇淋。」你對顧客、顧客的需求、可能解決方案做出假設。要對這些假設非常誠實，並坦然接受假設的本質就是在猜測，否則就會像《少棒闖天下》裡的總教頭 Buttermaker（Walter Matthau 飾）對球隊說的一樣：「一旦假設，你我都成了白痴笨蛋。」

以下我們來試寫一段簡單扼要的問題陳述。大概長這個樣子：

> 洛杉磯的準新娘很難找到一個負擔得起的婚宴場所。

這個假設一旦被證實，就能作為底下這段價值主張的重要論證：

> 婚宴場地的 Airbnb 是一個線上平台，提供人們刊登自有空間，作為婚禮場地租用。

那麼看起來，下一步我們就可以開始幫這個有潛力的解決方案設計功能了嗎？等一下，還不行。

假如你是 UX 設計師、產品開發者和新創者這些本能習慣解問題的人，這個過程一開始會讓人感到在倒退，那是因為，這的確就是在倒退。

在有具體的證據表示人們會買單這樣的產品之前，不要貿然根據依價值主張開始打造產品的 UX！

我們對解法做逆向工程，驗證顧客和問題痛點的假設。這個方法對於那些開發過許多產品／明星產品的人特別重要，千萬不要相信自己天馬行空的想像，要用實驗的精神來面對每個新產品。

在前言中，我提到曾經擔任 25 年的兼任教授，一直以來我上課的方式都差不多。第一週，學生要先思考想要用科技解決什麼樣的問題，接下來的每週，他們慢慢把最終要發表的東西做出來，也就是要提出一個使用本書中的方法測試過的真實產品。在某個學期中，我讓 Bita 和 Ena 兩位學生來實習，做「婚禮 Airbnb」的產品願景。我會用他們的方法和成果告訴各位，如何拿任何一個價值主張來試試看是否可行。他們的第一個作業就是暫時性人物誌。

步驟 3：根據你的假設，建立暫時性人物誌

人物誌是一個很有用的工具，能讓你的利害關係人和產品團隊對目標使用者的需求、目標和動機有同理的感受。這樣一來，就能更關注使用者，避免我們只為自己設計。但暫時性人物誌這個概念有一段坎坷的歷史，引發各方爭辯過。因此，我想先跟你們簡單分享，把這個概念用在這裡的原因。

早期做軟體設計時，開發產品和寫程式的工程師通常就是設計介面的人。這些產品介面很少是「友善」的，畢竟從來沒在目標使用者身上測試過，甚至為了趕出貨，很多介面是匆匆忙忙被拼湊出來的。

在 1988 年開發了視覺化程式設計語言 Visual Basic[3] 的這位著名的灣區軟體程式設計師 Alan Cooper 深切體會到這個問題。他在 1995 年時，提出了人物誌這個概念，並出版書籍幫助軟體開發團隊運用這套目標導向的設計方法。對 Cooper 來說，人物誌是一個能啟發產品利害關係人的重要方法，並能幫助他們做出更友善的產品介面[4]。但要達到這種程度的人物誌，要花好幾個月進行質化民族誌研究，才能產生貼近真實的使用者樣貌。

3 “Alan Cooper,” Wikipedia, *https://oreil.ly/5GeHk*.

4 Alan Cooper, About Face (Hoboken, NJ: Wiley, 1995).

2002 年時，人物誌也是設計師之間常用的工具，但它卻常被 Razorfish 或 Sapient 這類大型互動設計公司當作探索階段向客戶抬價的手段，而偏離其原來的目的。在這樣的使用方式下，人物誌常是由可笑的人物圖片加上一堆只看市調資料寫成的刻板印象所組成。事實上，在第 2 章中，Oprah.com 網站設計案中的三個人物誌就是這麼做的。探索階段簡報上的人物誌描繪了三種不同的少數族裔人士，只因歐普拉擁有廣大多元族群的觀眾。在現實世界中，不同族裔身份對產品的 UX 其實沒什麼影響，難道黑人粉絲和白人粉絲需要的介面或功能會不同嗎？在這種情況下，人物誌就失去它在 UX 策略過程中引導的基本功能，就像 Cooper 所說的，「別把人物誌原型與刻板印象搞混了。人物誌提供的是精確的設計目標，也是跨部門間的溝通工具，設計師在選擇特定的人物背景特徵時，一定要非常謹慎。」

到了 2007 年 Cooper 的第三版《About Face》出版時，他增加了一段新的章節「無法進行嚴謹人物誌時的選擇：暫時性人物誌[5]。」這個概念專門設計給沒有時間、金錢或公司不願意進行田野調查來蒐集細部質性資料的產品開發者使用，是一套簡單的團隊合作活動，設計師和非設計背景成員都能一起快速進行。產品設計師 Jeff Gothelf 也再次把這個概念帶入《精實 UX 設計》[6] 的方法中，稱為「雛形人物誌」，幫助團隊一起思考對焦顧客的樣貌。

我比較喜歡「暫時性」這個用語，意味著「目前先暫用」，也暗示以後可以再改變。這是因為我們的最終目標是透過顧客探索過程，將我們的暫時性人物誌轉換為驗證過的人物誌。在這種情況下，暫時性人物誌會是一個很好的溝通工具，幫助你和團隊一起描繪你們的假想顧客，在最重要的假設上對焦。這也幫驗證的過程開了頭，以確定哪些問題是關鍵任務。因此，你可以把暫時性人物誌當作是在進行某種形式的使用者研究時的一個「暫用」人物誌。

5 Alan Cooper, About Face, 3rd ed. (Hoboken, NJ: Wiley, 2007).

6 Jeff Gothelf, with Josh Seiden, Lean UX, 2nd ed. (Sebastopol, CA: O'Reilly, 2016).

也因為我們最終要用這些人物誌來招募和行銷，所以描繪特徵時要恰到好處。人物誌不能太具體或只代表少數人，也不能過於廣泛普遍，好像代表了所有人。在第 9 章中，我們會將經過驗證的人物誌作為登陸頁面活動的參考，以 Facebook 的精準廣告投放（Microtargeting）來開發使用者。因為進行線上廣告活動需要花錢，所以這個過程是一個重要的現實檢測，幫我們將虛構的設計想法轉化為事實。

暫時性人物誌的架構和解析

你可以用暫時性人物誌來蒐集和展示你對主要顧客族群的假設，因此，所有資料都要在假想顧客的情境裡發生，並且和價值主張相關。背景資料和使用者行為都需要反映整體目標受眾，而不僅僅是一個人。不要在人物誌裡加一堆行銷資料，而是盡量把人物誌的重點放在對顧客來說重要的假設，以及目前是怎麼面對這些問題點的。

對於 B2B 產品，應該建立兩組人物誌：一個是要為產品付款的人（例如 CTO）和一個使用產品的人（例如員工）。在這種情況下，可以將這兩組分別稱為「暫時顧客人物誌」和「暫時使用者人物誌」。

因為暫時性人物誌只是一種思考的工具，幫助你對主要族群有個概念而已，所以要盡量保持版面和內容的簡單。在接下來的暫時性人物誌中，Bita 和 Ena 使用了我提供的基礎樣板，是二乘二的方格，共四個區塊。

圖 3-4 是 Bita 在「婚禮 Airbnb」案子裡製作的暫時性人物誌。

圖 3-5 是 Ena 製作的。

即使在同一個價值主張下，兩個人從不同觀點做出來的顧客樣貌還是差很多的。Bita 假想的是跟她自己比較像的：30 歲左右的職業女性、中產階級、有穩定全職工作。Ena 則是假想一位 20 多歲還沒有全職工作的女性、可能在讀研究所或是剛進入職場的自由工作者。這位年輕的準新娘比較想和所有朋友在海灘上舉行熱鬧的派對，而非正式的宴會。

哪一個人物誌才是對的呢？現在並不重要，因為 Bita 和 Ena 只是在做假想，暫時性人物誌裡的內容也都是假設而已。也許最終產品真的能符合兩者需要，但在此之前，一切都只是假設。不論到最後哪個比較「對」，這樣的做法都會幫助 Bita 和 Ena 對他們的假想顧客產生更清楚的了解。

暫時性人物誌由以下四個部分組成：

名字和照片／草圖

因為暫時性人物誌代表的是一群人而不是一個人，所以用簡潔、描述性的名稱來描述這個客群，像是「洛杉磯的 X 世代父母」或「柏林的猶太裔居民」；我覺得用共同的人口統計背景來說明還滿清楚的，加上地理位置也很有用，可以幫助團隊聚焦產品要服務的市場，而不是服務全世界。使用某些標籤時要小心，因為某些詞彙代表的族群可能太廣，例如，「千禧世代」、「嬰兒潮世代」、「受過高等教育者」或「低收入者」等會涵蓋非常廣泛的人群。

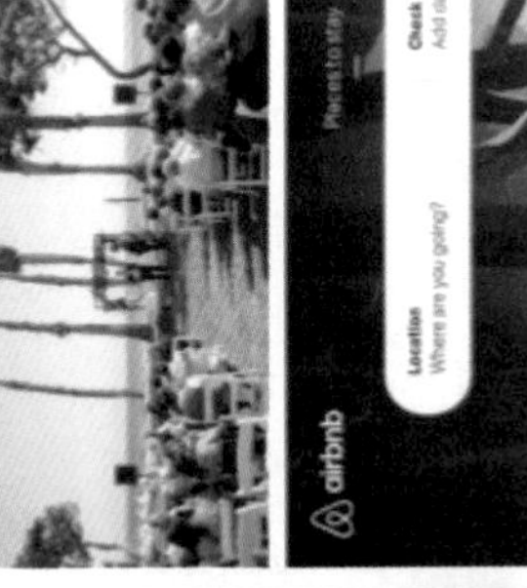

在意價值的洛杉磯準新娘
airbnb
Location
Where are you going?
Places to stay
描述
30 多歲、已訂婚
居住在洛杉磯
全職工作者
行為
考慮公園或庭園作為可能的婚禮場地
在午休或週末時規劃婚禮
為了省錢會願意妥協
用過 Airbnb 來尋找獨特的住宿
需求 & 目標
嚮往正式的中型婚禮
想要舉辦戶外婚禮
需要讓開銷維持在一定的預算內
需要更簡單的方式來查找場地，不用一個一個聯絡

圖 3-4
Bita 的暫時性人物誌「在意價值的洛杉磯準新娘」

派對先決的洛杉磯準新人

描述
20 多歲、已訂婚
居住在洛杉磯
勞工／中產階級
非全職工作者
需求 & 目標
要自己負擔婚禮相關費用
嚮往小型的海灘婚禮
在婚禮現場想要有 DJ 放音樂
希望婚禮規劃能全部在線上處理
行為
喜歡參加派對、認識新朋友
不斷在 Pinterest 上搜尋構想
喜歡去海邊休閒放鬆
為了省錢而用 Airbnb

圖 3-5
Bita 的準新人暫時性人物誌

可以最後再重新整理或處理這一塊，因為其他部分可以幫助團隊更容易討論對顧客族群的定義。但是當這部分完成時，可以找一張具有代表性的圖像。有些業界人士對於使用照片有顧慮，因為擔心這會強化刻板印象。根據 Alan Cooper 的說法，「當你開始說故事，照片可以幫助大家感受更真實，讓團隊成員都能參與。」因為人物誌是一個族群，我會用拼貼圖像來描繪這個族群的各個面向。

回到我們的價值主張，學生就要尋找描繪婚禮場地、準新人、和使用的不同規劃工具的照片。不要在這部分花超過 10 分鐘，因為暫時性人物誌只是個起點。等進行了顧客訪談，可能就要更新照片了。

描述

要如何使用三四句重要的背景資料來描述這群人？加入專案研究進行的城市，並確保這一關鍵資料得到驗證。只有在欲解決之問題與特定性別相關時，才加入性別資料。如果認為問題與某個收入範圍內的人相關，就加入這項資料。年齡和教育水平也是如此。

當進行顧客訪談時，可能需要提出較私人的問題，以確保受訪者符合人物誌特徵。這部分應著重描述客群，而不是他們的活動或需求，留待下兩部分再處理。

Ena 最初將「念研究所」作為描述詞。但這種特殊性對於婚禮 Airbnb 來說，有過多排他性，也沒什麼必要，所以我請她改成「非全職工作者」（圖 3-5）。同時，Bita 的個人資料有「全職工作者」，這是相關的，意思是這個族群沒有很多空閒時間規劃婚禮。

行為

動機和行為是價值創造的核心。2016 年，克萊頓•克里斯坦森（Clayton Christensen）提出了一個名為「待辦任務（Jobs to Be Done, JTBD），又名「任務理論（Jobs Theory）」的理論框架[7]。該理論的主要前提是，顧客的需求就像一個讓生活更好的待辦任務，如果他們不能完成這項任務，那麼顧客就會遇到問題。在這個框架中，顧客行為被稱為「任務驅動因素（job drivers）」，是定義客群的關鍵因素。因此，無論你正在設計什麼產品，了解是什麼會讓人們有動機使用它是很重要的。推薦閱讀 Jim Kalbach 的優秀著作《The Jobs to Be Done Playbook》，了解有關如何在實務中運用任務理論[8]。

行為陳述很重要，因為它描述了使用者的行動與動機。

當描述顧客的行為時，需要考慮他們的心態和環境。他們現在是怎麼解決這個問題的？目前都用什麼工具？興趣喜好會影響行為嗎？有用什麼變通的方式來達成目標嗎？

在前面的案例中（圖 3-4），Bita 假想她的準新娘重視價值，並且對獨特的場所感興趣。但是，我們如何驗證一個人在計劃婚禮時是否重視價值、是否真的希望在獨特的婚禮場地舉辦活動？這時，行為陳述可能比簡單的形容詞更有用。 Bita 將使用者的行為描述為「為了省錢會願意妥協」並「用過 Airbnb 來尋找獨特的住宿」，因為她相信這會推動這個族群的決策。

以下是行為陳述的其他例子：

- 每週參加龐克搖滾演出，認識有趣的人
- 為了環境友善原因，避免使用動物產品
- 定期觀看德語電影以熟悉德語

但是，無論用陳述還是形容詞，都要謹慎選擇用語，以免寫得太籠統、太具體、或太難驗證。

---

7 Clayton Christensen, Taddy Hall, Karen Dillon, and David S. Duncan "Know Your Customers' 'Jobs to Be Done,'" Harvard Business Review, September 2019, *https://oreil.ly/zW3Xm*.

8 Jim Kalbach, The Jobs to Be Done Playbook: Align Your Markets, Organization, and Strategy Around Customer Need (New York: Two Waves Books, 2020).

需求和目標

這部分說明顧客需要什麼來解決他們的問題以達成目標。為了弄清楚這一點，我們應該問：他們與產品相關的希望和嚮往是什麼？他們需要什麼來解決主要痛點？目前的解決方案或變通做法還是滿足不了哪些特定需求或目標呢？他們遇到哪些限制？試圖完成的任務是什麼？

一個常見的錯誤是把這部分寫成價值主張或功能列表。不在科技產業工作的人通常不會說「我需要一個 App 或線上平台來……」或「我想把協作者加到我的帳號中」。他們會說的是：「我想把婚禮的構想分享給未婚夫，讓他可以在自己的電腦上看。」後者著重於可以用不同方式解決的實際人類需求。特別是對於 B2C 產品，問他們與未婚夫的計劃過程，比詢問是否想要協作功能更有用。

另一個錯誤是寫得不夠具體。在 Ena 的案例中，她假想的客群想要在海灘上舉辦一場小型婚禮。但除非對「小型」有了精確的定義（例如 50 人或更少），否則無法驗證這句話。對一個人來說的小型，對別人來說可能是一場盛大的婚禮。但也不能寫得太籠統。大多數人對像「想要一場美好的婚禮」這樣的概括性陳述都會認同，哪對新人會喜歡糟糕的婚禮？這種超籠統的陳述並不能幫助你更了解潛在顧客。

這部分一定要處理得當，因為它最能引導產品策略。最好是一份解決潛在顧客問題的可行動聲明。

以下是需求和目標陳述的其他例子：

- 需要用簡單的方式來獲得近期在洛杉磯舉行的龐克表演資訊
- 想知道哪些當地餐廳提供優質的純素餐點
- 想移居歐洲體驗不同的文化

請記住，直到被證明對錯之前，這些人物誌中的所有內容都只是假設。所以現在需要走出去，尋找現實生活中的顧客，聽聽他們的真實想法！

步驟 4：進行顧客探索研究，驗證或推翻解決方案最初的價值主張

在 2005 年，矽谷創業家 Steve Blank 出版了《四步創業法》[9] 一書。雖然他的方法圍繞四個階段進行，在此我只談第一個顧客探索的階段，作為 UX 策略的一部分。

顧客探索是一個用來發現、測試、和驗證產品是否能幫一群使用者解決某個大問題的過程，基本上就是進行使用者研究。但你不是只觀察和同理，然後下結論而已，不要閉門造車，走出去做使用者驗證，落實精實創業的基本方法和信念 3：實證使用者研究。你必須主動聆聽人們的聲音並打好關係，因為目標是要找到他們欲解決的問題。

這聽起來好像很理所當然，但令人驚訝的是，我在新創和企業中所合作過大多數的利害關係人是幾乎沒有在和顧客接觸的。其實，在精實創業被提出前，一般公司的習慣向來都是關起門來自己開發產品。利害關係人和產品團隊做事的方式攣像那位電影製片 Paul 的方式，他們假設，若自己對某個問題痛點有親身經驗或有所連結的話，就等於了解這個問題。在企業裡，幾個可能的原因是無知、人手不足、懶惰等。而新創公司的人則像揮灑無人看過的劇本的編劇，其實害怕知道真實顧客的想法，畢竟誰也不想聽到別人說自己的小孩醜。

理想中，顧客探索階段應是一個協作的過程，能讓愈多專案成員去場域愈好，合作也能幫助團隊自然地建立起對產品願景的共識。假如共事的成員不願意一起做使用者研究，就自己偷偷做，不要等老闆、客戶或任何唱反調的人的同意，重要的是，你有去嘗試。你可以在閒談間和團隊提起研究的發現，如果還是沒人想聽，可能就要考慮是不是要換個團隊，或換個工作了。但至少當你還在專案裡的時候，走入場域去找尋可能讓產品變得更好的證據。自己的命運自己決定。在第 8 章和第 9 章中，我會分享實現此行動的快速、低成本方法。

9 Steve Blank, The Four Steps to the Epiphany (Plano, TX: K&S Ranch Press, 2005).

上面提到一些產品開發者容易護航自己想法的原因，幸好，Bita 和 Ena 只是要驗證一開始的假設而已，並沒有對我從網站上一鍵產生的價值主張太過眷戀。他們接下來要走出去（走出辦公室、走出教室）進行訪談。

顧客訪談

在顧客探索階段中，訪談的目的是和真實的人對話，我的學生有人物誌，他們要去找符合這些人物誌的真人來聊聊。產品開發者和科技創業家最愛在這時候開始吹捧自己概念有多好，但是如果你開始向陌生人推銷，他們通常會點頭附和以儘早擺脫你的糾纏。這樣根本不是在驗證。要記得，顧客探索的意義不在於推銷，而是傾聽。

你必須找到附近兩三個能夠直接接觸到目標族群的地點。不要躲在電腦前，試著跳脫框架，想想這些人會在哪裡出沒，把這些人找出來，在很多情況下，可能因時間和地域限制，根本無法親自找到，也有可能更容易在網路上找到。在第 8 章中，我會討論更多使用者研究的線上招募。

以 Bita 的例子來說，她的暫時性人物誌描繪了一位重視價值的準新娘，Bita 決定去洛杉磯的購物中心找可能符合這組人物誌的人。她的第一站是東區的 Westside Pavilion 購物中心，這個購物中心有很多媽媽帶著小孩出沒的 Gymboree、Baby Gap 等童裝店，這當然跟我心中想的有所出入，我不確定 Bita 是否能跟正在挑選婚紗的人說上話。Bita 在被趕出婚紗店後，其實打消了這個念頭。但她並沒有因此而氣餒，而是從中吸取了教訓，並集思廣益地尋找可能找到顧客的新地點。

Bita 的想法是，這些新手媽媽應該能提供一些籌備婚禮的想法，因為她們可能已婚才有小孩，又因為孩子年幼，那應該是不久前才結婚的。Bita 打扮地體面專業，帶著寫了問題的筆記本並且總是在對的時間（通常是寶寶在嬰兒車裡睡覺的時候），才有禮貌地接近目標族群。

不要問直接證實或推翻問題陳述的篩選問題！

顧客訪談實際上由介紹、篩選和訪談三部分組成的。這是 Bita 接近一位母親和她的孩子時的劇本。

第一階段：介紹

> 您好，我是 Bita，我正在替一個線上新創產品概念進行研究。請問能耽誤您一點時間，詢問關於婚禮籌備的問題嗎？若您參與訪談，會提供一張 5 美金的 Amazon 禮物卡作為感謝。

這段開場介紹用詞謹慎，也快速解釋接觸的原因，以及需要從他們那裡得到什麼。你也可以先接觸而不提供獎勵。但是，畢竟是佔用人們的時間，提供 Amazon 或附近咖啡店 5 美金禮品卡代表你重視他們的時間。特別說明「若您參與訪談」，可以確保不需提供未通過篩選的人獎勵。也可以記得說「但首先想詢問您 ......」來表明有篩選問題。

如果接觸的女士看來願意交談，Bita 就會馬上開始問篩選的問項。

第二階段：篩選

篩選問題是透過短短的一至三個問項，來確認此人的條件是否符合受訪資格。這很重要的，因為你不知道遇見的每個人是否都適合參與研究。這些篩選問項會幫我們篩掉不符合暫時性人物誌的人。

例如，如果你的問題陳述是「住在洛杉磯的忙碌專業人士，總是不知道要買什麼禮物送家人」，那麼篩選問題可能是「您認為自己是一個忙碌的專業人士嗎？」如果他們回答「是」，就可以繼續問「您上次買禮物送家人是什麼時候？」可以決定想要多近期，用此問題來衡量這個人是否經常買禮物。篩選問題要呼應問題陳述，但不能引導是或否答案，也不能是大多數人都會有相同答案的問題。

這樣會污染研究，你就無法確定假想顧客中有多少百分比真的有這個問題。也會讓你失去向有解決方案的人學習的機會。例如，如果你的問題陳述是「住在洛杉磯的忙碌專業人士，總是不知道要買什麼禮物送家人」，那麼篩選問題就不應該是「你常常不知道要買什麼禮物送家人嗎？」或任何類似的說法。

篩選問題一定要很無害，但能直接幫你很快地篩掉不對的人。我們可以反過來想，他們要說出什麼答案，才有資格成為受訪者呢？有時候，篩選問項會需要來回修改幾次才能準確找到對的人。

Bita 使用的篩選問題如下：

1. 您已婚嗎？若是，是什麼時候結婚的？
    - 是（接著第二題）
    - 否（禮貌地結束訪談）
2. 您是在哪個城市結婚的？
    - 洛杉磯（繼續訪談此人）
    - 洛杉磯以外的城市（禮貌地結束訪談）

根據 Bita 的人物誌，篩選問題的目的是要確認訪談對象是否近期在洛杉磯辦過婚禮。她需要的受測者是還清楚記得婚禮大小事的人。

第三階段：訪談

如果對方通過篩選問題測試，Bita 就會繼續進行訪談問題。這些問題旨在驗證你對客群所做的每個假設。Bita 的人物誌（圖 3-4）在描述、行為、需求和目標方面總共有 11 個假設。因此，她需要生成確認假設準確性的問題和提示。例如，行為陳述「考慮公園或庭園作為可能的婚禮場地」需要一個問題來確認她在何處尋找婚禮場地。如果參與者回答這些類型的位置，就能證實假設。如果大多數參與者沒有提到公園或庭園，那麼在第一輪訪談之後，就要更新陳述，讓內容更符合。

我們來看一下 Bita 怎麼處理訪談問題的：

1. 您有全職工作還是兼職？
2. 您怎麼計畫婚禮的？
    - 詢問考慮過的宴客場地和最後決定的場地
    - 詢問怎麼找到地點、了解地點
    - 詢問工具／方法，像是網路或口碑
    - 詢問什麼時候做規劃，工作時、晚上、週末等
3. 您的婚禮是比較正式還是輕鬆的？

4. 在規劃婚禮時，有做什麼妥協嗎？為什麼？
5. 您對婚禮場地有預算嗎？是否有控制在預算範圍內？（如果沒有，超支了多少？）
6. 您當時的宴客人數是多少？（比如，50 至 200 人）
7. 您在尋找場地時有遇到哪些困難呢？（詢問怎麼尋找最理想的場地，像是海灘之類的）
8. 您怎麼解決這些困難？最後有做什麼妥協嗎？

   這些問題其實是為了提出解決方案而鋪路的。當受訪者已經進入狀況，Bita 就可以切入重點問題了。

9. 您有聽過或使用過「Airbnb」網站嗎？
   - 是（接續第十題）
   - 否（簡單介紹 Airbnb 的概念以及短租的方式，並接續第十題）
10. 如果有個像 Airbnb 的網站，上面有很多漂亮的住家後院，可以租來當婚禮場地，您覺得如何？

到最後才向受訪者提出關於價值主張的重點問題，但一樣聆聽，不要推銷。Bita 的問題其實非常開放，她只對概念點到為止，在不影響受訪者好惡的狀況下，試探他們的想法。當你詢問重點問題時，抓住對方回應的精髓即可，如果問答互動不錯，再繼續問其他相關的問題，

接著，好好感謝對方，讓他們離開。理想情況下，在第一輪顧客探索階段，試著從從篩選到重點問題，做十組完整的訪談，就應該足以獲得不同面向的模式。

雙邊市場

但是，如果你的產品需要兩個不同類型的使用者族群才能創造價值呢？雙邊市場，是兩個不同使用主族群之間進行價值交換的平台，它對產品策略影響甚鉅，因為要為兩個客群創造兩套截然不同的使用者經驗，就像 eBay 有買家跟賣家，Airbnb 有屋主和旅客，Eventbrite 有活動舉辦者和參與者，這些平台提供了相當獨特的功能，讓雙邊的客群能一起無痛使用。

Airbnb 本身是一個幫一組顧客（屋主）把住家或房間出租給另一組顧客（旅客）的數位平台，並向雙「邊」各收取一小筆手續費。這就是點對點商業模式（也稱為協同消費）的本質，這對於我們的婚禮 Airbnb 來說也是一樣。如果 Bita 和 Ena 要解決準新人尋找平價婚禮場地的問題，她們一定得去媒合市場的另一邊，找到願意把房子對外出租作為婚禮場地的人。

Ena 在她的顧客探索過程中發現了這點，因此，她回過頭來為另一個首要客群發展了暫時性人物誌，如圖 3-6。

擁有大庭院的洛杉磯房屋所有人
Vrbo
描述
40 至 50 歲左右的夫婦
住在有大庭院的房子
住在洛杉磯
孩子不同住
需求 & 目標
需要找到維持收入的方式
希望房子寬敞的空間能夠獲得最佳利用
想找確保房子是安全的
希望除了用 Airbnb 刊登外還有簡單的管道可以增加收入
行為
有在 Airbnb 或 VRBO 刊登他們的房子
勤於維護庭院
回覆 email 和簡訊的速度快
會在後院請朋友來聚會

圖 3-6

Ena 的婚禮場地主人暫時性人物誌

她的價值主張要可行，這個客群就一定得存在，Ena 需要這類擁有馬里布豪宅的人，願意接受一些創新手法來利用房子的價值，像人物誌裡所假設的，這些人可能比準新娘年長，也對自己的房子會不會被搞砸有所顧慮。

我問 Ena 打算怎麼驗證這組人物誌，要上哪裡去找這類人？要去海灘別墅登門拜訪？還是好自為之吧。或是去馬里布高級購物中心找路人問他們願不願意出租自己的家？我蠻擔心她在不容易驗證的人物誌卡住，所以我讓她去多做一些探索。

一週後，Ena 交出一些滿不錯的驗證結果，見圖 3-7。她把自己變成準新娘，直接去聯絡 Airbnb 上的屋主，詢問對方婚禮場地租借的意願，甚至還詢了價。結果發現，原來很多人已經在這麼做了。

Airbnb 上的屋主已經摸清楚系統，他們自己設定了完全脫離 Airbnb 商業模式和 UX 的報價，從回應就能看出他們對這件事有多熟悉。

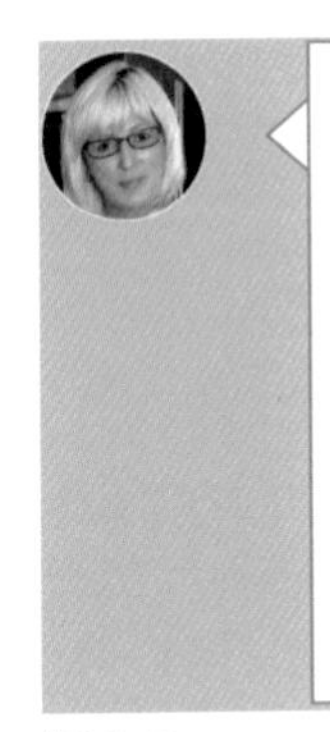

Hi Ena,

Thank you for your inquiry! We would love to host you, and your guests :) The base price is $1500/night (up to six overnight guests), and $40 per person for the wedding attendees. For example, with 50 people it would be an additional $2000. Plus a cleaning fee of $500.

It looks like you are from California, so you probably know Malibu well, but just in case wanted to let you know that our house is on La Costa beach which is a private beach - no public access. It's perfect for hosting weddings.

I look forward to hearing from you.

Best,

Kate

圖 3-7
一位 Airbnb 屋主對 Ena 詢問婚禮場地租借的正面回應

步驟 5：根據你所得到的證據，重新評估價值主張

如你所見，進行使用者研究不一定要很花錢或花時間。Bita 只用了週六一天就做完了概念驗證，並把結果整理在以下圖 3-8 中。

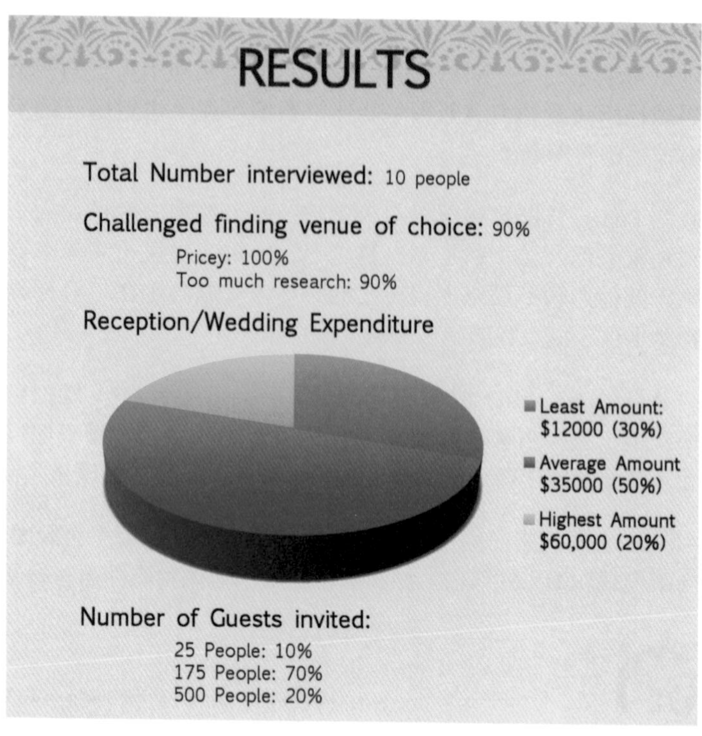

RESULTS
Total Number interviewed: 10 people
Challenged finding venue of choice: 90%
Pricey: 100%
Too much research: 90%
Reception/Wedding Expenditure
Least Amount: $12000 (30%)
Average Amount $35000 (50%)
Highest Amount $60,000 (20%)
Number of Guests invited:
25 People: 10%
175 People: 70%
500 People: 20%

圖 3-8
Bita 的顧客探索結果

沒錯，她只訪談十個通過她篩選問題的人，但裡面就有九個的確曾經為了尋找平價的婚禮場地非常煩惱過，顯然，價值主張裡的假設性問題是真實存在的。不過，她也得知這些人大概花了多少錢，請了多少人。她了解到，受訪者中有 70% 邀請了 175 位客人來參加婚禮，這影響了她對初步概念的想法，因為看來場地大小比原本想的要來的重要許多。也讓她開始思考，洛杉磯是否真的有這麼多夠大的房子，能容納人物誌裡提到的需求，這是一個檢驗現實狀況的過程。

相對地，Ena 的顧客探索過程揭露了婚禮 Airbnb 這概念已經有人做了，而且就在 Airbnb 上！她也了解到，Airbnb 本身其實不能解決屋主或準新娘在婚禮流程上的需求，例如餐點、停車、鮮花佈置等，但大家（屋主和準新人）都還是將就用 Airbnb，因為這是預訂評價婚禮場地的解法之一！只有當發現這種證據，你的「價值創新」、創意才能開始延展馳騁。

有了回饋，你和團隊成員像 Bita 與 Ena 一樣，要開始做決策，因為你應該會遇到以下其中一件事：

- 對暫時性人物誌的假設驗證不通過。那麼，修正你對顧客的想法。回到步驟 1。
- 對顧客正在經歷的痛點驗證不通過。那麼，修正問題。回到步驟 2。
- 問題和暫時性人物誌驗證通過了，對解決方案的初步價值主張充滿信心。你可以選擇與更多參與者進行更多訪談，以進一步驗證人物誌，或測試其他客群。準備好後，接續第 4 章。

本章回顧

一個好的商業策略要以顧客為中心。這就是為什麼你必須對假想的客群及其未滿足的需求進行驗證。將顧客探索方法與暫時性人物誌等傳統使用者研究工具相結合，這種經濟的方法能幫助你和團隊確保產品走在正確的道路上。即使面對使用者會害怕、對研究方法不熟悉、被需求文件給綁住、時程期限迫在眉睫、或盯著兩行願景不知所措，都還是要在產品開發的起步階段去接觸使用者，因為這樣一定比「變成白痴笨蛋」來的好太多。

[4]

進行競品研究

你說得對，我是走錯了方向
我們深陷在谷底，隘谷到底有多深
現在是深陷在峽谷，遠遠的那頭

—音速青春[1]

既然已從真實使用者那獲得強烈的正面信號，你必須捫心自問：「這個解決方案為什麼還沒有人做過？」或者，就像 Bita 和 Ena 在顧客探索後的情況一樣問：「現在有誰在解決這個問題，如何解決？」我不敢說所有的想法都已經有人做過，但該嘗試的也應該都試過了，畢竟，大家都已在網路上開發產品超過 25 年了！因此了解已經成功或失敗的真實案例，對發展產品的競爭優勢是很重要的。接著，我們將在本章和下一章更深入探討信念 1：商業策略的意義（圖 4-1），用一個框架來進行競爭評估和策略決策。

1 Sonic Youth, "Death Valley '69," Bad Moon Rising (Iridescence, 1984).

圖 4-1

信念 1：商業策略

重重地學到教訓

進行紮實的市場競品研究就像剝洋蔥一樣，越往內層就會有越多發現，如果發現產品前景其實不怎麼好，是會讓你嗆到流眼淚的。但難道你不想知道早日戰勝對手的方法？假如連自己都不知道有什麼不了解的事情，那麼，你很可能會重重踢到鐵板。

就拿我親愛的老爸來舉例，他在 1976 年，正值 38 歲那年毅然鼓起勇氣辭去在加州知名餐廳連鎖店區經理的全職工作。從加州大學洛杉磯分校會計系畢業後，他就一直在公司裡工作，但始終沒有放棄創業的熱情。他的朋友在洛杉磯地區開了幾間生意不錯的熱狗店，因此，父親相信自身的經營管理經驗將會讓他創業成功。

很快地，他在北好萊塢找到一間準備頂讓的熱狗店，店家的隔壁是洗車場。他稍微觀察了店裡的營運情況，注意到顧客並不多，甚至連在洗車場洗車的人都不願光顧這間店。這間店不僅破舊不堪，老闆對顧客態度也很冷淡，父親認為賺錢的機會來了，於是立刻買下這間店。

圖 4-2 可以看到他把店面改頭換面，有新的菜單，還有一個大看板寫著『全新經營』。

圖 4-2

1978 年，Alan Levy 站在自己熱狗店前面的拍立得照片

可是，開幕當天熱狗賣不到 10 根，更糟糕的是還有蟑螂在檯面上爬，父親還忙著在顧客走近前打蟑螂。那時候，弟弟和（10 歲和 12 歲）週末時會來店裡，我們都看得出來父親不知道該怎麼經營這家店才好。最後，他體認到儘管付出一切努力仍無法讓熱狗店起死回生，他的管理專長沒有轉化為日常經營所需要的心力和體力，所以最後他只能又把店面售出。

某天上午，有人來電表示對父親「熱狗店面出售」的廣告感興趣，這個人在中午來到店裡並自我介紹，然後買了一根熱狗，坐下來觀察整個午餐時段的營業情況，接下來的一個小時內，只有一位住在附近安養院的老太太來買了一根熱狗，她咬了一口就要求退錢，說「味道怪怪的」。

隔天這個人又出現，照樣坐下來觀察當天午餐時段的營業情況。他臨走前，父親向他請教對於這家店的看法。這個人用很重的口音告訴他：「老實說，Alan，你這間店啊，早就死啦。」

他的評論讓父親消極了幾天之後，他決定接受這個事實並在損失慘重的情況下賣掉這間店，這件事對我們家來說打擊很大。然而，這整個經驗卻也教導父親（以及我們這些小孩）獲得教訓要付出的代價很大。

經驗分享

- 開始創業之前，盡可能學習一切日常業務運作相關的事情。千萬別讓你的邏輯判斷能力被熱情沖昏了頭。
- 調查競爭對手，哪裡做得好？哪裡做得不好？顧客上門的理由是什麼？
- 最後，當你不知道怎樣才能成功時，承認失敗吧。失敗並不可恥！但要記得繼續前進，或改變方向！

在競品中發現金礦

J .-C Spender[2] 曾說過，「策略不僅僅是擁有意圖。成為產業領導者的意圖可能是個開始，但我們只有了解在特定脈絡下實現目標的困難，才能制定策略。」要具備競爭力，你必須知道市場上有哪些對手，哪些成功，哪些失敗，不然，如第 2 章所述，要怎麼知道你設計的產品是進入紅海還是藍海？為了增加存活機率，一定要研究目前的數位解決方案如何滿足目標顧客的需求，可能會發現你的產品可以透過市場定位成為品類創造者。

這就是為什麼對競品進行研究是商業策略中很重要的一部分。競爭對手所提供的服務體驗是好是壞，你要有第一手資訊。如果研究做得夠徹底，那麼研究結果就能成為一座寶庫，讓你深入了解目前趨勢，也能看出過時的心智模型。這也能幫助你的團隊了解標準設計手法和值得注意的行銷策略。但要連結這些線索，你得先蒐集相關的資訊才行。

評估當前或未來的產品要怎麼與其他產品相比，是一項複雜、艱鉅且持續的任務。但是，如果你對 DIY 方法持開放態度，就不必聘請昂貴的市場研究分析師。正如在商業策略界享有盛譽的大師亨利•明茨伯格（Henry Mintzberg）所說，「真正的策略家們會親自動手挖掘構想，而真正的策略，就是從他們發現的金礦中產生。[3]」

我發現做綜合性競品分析最有效率的方法，就是將所有蒐集到的資料放進矩陣裡，它是用來做交叉比對最為明確的方式。透過試算表的使用，我能夠有條理地蒐集資訊，並且不會在上網搜尋研究資料時遺漏任何東西。矩陣幫助我隨時追蹤需要比較的資料，當矩陣完成時，我可以充分運用許多質化和量化的方法來合理解釋我的觀點。

2 J.-C. Spender, Business Strategy: Managing Uncertainty, Opportunity, and Enterprise (Oxford: Oxford University Press, 2015).

3 Henry Mintzberg, "The Fall and Rise of Strategic Planning," Harvard Business Review, January 1994, *https://oreil.ly/ImcVX*.

COMPETITIVE ANALYSIS MATRIX						
Airbnb for Weddings is an online marketplace for listing and renting private properties as wedding venues.	**URL of Website or App Store Location**	**Login Credentials**	**Value Proposition**	**Year Founded**	**Funding Rounds**	**Revenue Streams**
DIRECT COMPETITORS						
Wedding Spot	https://www.wedding-spot.com	wonderfulwedding2020@gmail.com password: Wedding2020!	Wedding Spot is an online marketplace that allows wedding planners to search, price, and book wedding venues.	2013	Raised $3.2M in 2 rounds from 3 lead investors	Venue listing fee/advertising
Here Comes the Guide	https://www.herecomestheguide.com	wonderfulwedding2020@gmail.com password: Wedding2020!	Here Comes the Guide provides nation-wide wedding vendor listings to spouses-to-be.	1989	Fully funded by the founder	Advertising
Wedgewood Weddings	https://www.wedgewoodweddings.com	wonderfulwedding2020@gmail.com password: Wedding2020!	Wedgewood Weddings provides wedding service packages with 40+ partnering venues across the U.S. to spouses-to-be.	1986	Unknown	All-inclusive wedding venue package for customers
INDIRECT COMPETITORS						
The Knot	https://www.theknot.com	wonderfulwedding2020@gmail.com password: Wedding2020!	The Knot is an all-inclusive wedding website providing planning tools and a business platform that connects spouses-to-be with wedding vendors, including wedding venues.	1996	IPO'd in 2005; privatized in 2018 to be owned by Permira Funds and Spectrum Equity, current investors in Wedding Wire. Raised $19.6M in 3 rounds before 4/15/1999 from 3 lead investors	Local advertising (listing subscriptions, being paid by local vendor is their primary revenue stream); National advertising.
Wedding Wire	https://www.weddingwire.com	wonderfulwedding2020@gmail.com password: Wedding2020!	WeddingWire is a global marketplace connecting engaged couples with local wedding professionals.	2007	Raised $381.1M in 5 rounds	Vendor advertising
HitchBird	https://www.hitchbird.com	wonderfulwedding2020@gmail.com password: Wedding2020!	HitchBird is a wedding website providing destination wedding vendor listings in the Asian Pacific region to spouses-to-be around the world.	2015	Raised unknown amount of money in seed round in 2018	Advertising

圖 4-3
市場競品研究的試算表範例

我用的是 Google 試算表，因為偏好免費且不受平台限制的雲端工具，讓團隊成員和利害關係人都能夠輕易存取編輯。大家隨時獲取最新的研究資料是件重要的事情，有了這樣的協作方式，在重要的開會討論時就不會茫然盯著資料而不知所措。

圖 4-3 是使用 Google 試算表製作競品研究的例子，內容是 2020 年對婚禮 Airbnb 價值主張進行的研究，提供參考。

在一開始的序言提到，本書有附上一組〈UX 策略工具包〉，包含競品分析矩陣工具，請見 *https://userexperiencestrategy.com*。

你的終極目標是設計能夠創造競爭優勢的解決方案。在工具輔助下進行的市場研究，會迫使大家綜觀檢視競品格局，清楚看見競爭對手產品的體驗是優秀還是平庸。魔鬼就藏在細節裡，也藏在信念 2：價值創新裡（詳見第 6 章）。

在紮實的調查研究投入後，要產出完整明確的分析。這聽起來理所當然，但誇張的是，很常大家只做了粗略的市場調查後就迅速做出決策了。策略師必須協助客戶和利害關係人將市場研究所獲得的訊息過濾成易理解吸收、可供行動參考的重點，使得客戶可以做出明智的分析決策。讓我慢慢說明，看完本書之後，你將領會到知識真的是力量。

進行 UX 導向的競品研究

由 UX 主管或 UX 團隊成員進行競品研究有很多優勢：

UX 創新

UX 計師可以本能地思考一個人完成某項任務是否容易。他們可以藉由改變互動設計模式來發現改善的機會。回想一下 Tinder 案例，用簡單的左右滑動來做決定，成為產品的核心。

效率和專業知識

讓同一位 UX 設計師進行研究和設計產品會更快。他們藉著調查競品來了解哪些互動設計（像是「啟用流程」）做得最好。在探索分類法、內容和商業模式時，他們也能對議題和領域（例如，健康照護或行動化）逐漸熟捻。

團隊合作

UX 主管可以專注於分析，讓年輕團隊成員來處理勞動密集型研究工作，這可以讓年輕團隊成員累積實務經驗、獲得指導。總體來說，整個 UX 團隊都能熟悉競品格局。

了解競爭的涵義

身為數位產品開發者，應該知道自己服務和支配的市場是在網路上，網路不僅是市場更是產品流通媒介，透過這條數位高速公路，你和團隊成員能為使用者創造產品、交付產品給使用者、與使用者互動，以及開發比其他任何媒介更多的使用者。這就是為什麼網際網路與電視和收音機之類的傳統媒介相較之下顯得更具影響力的原因。

另一項關於這個市場的特別之處是它包含了所有現有和未來的顧客。有付費的顧客也有免費使用的顧客，涵蓋了將近所有年齡層，舉凡能夠在線上使用產品的人，都是使用者。如果有一家公司在這個領域提供類似概念，或和你的產品差不多的服務，他們就是競爭對手，就有能力瓜分網路市場上四十多億的潛在顧客。

然而，這些四十多億的潛在顧客並非全然是你的顧客（如果你有這種想法，請馬上回頭重讀第 3 章）。假如打從一開始你的觀念就很正確，可想而知，準確找出競爭對手對你來說，就是件輕而易舉的事了。

競爭對手類型

一個人、一個團隊或者一家公司都是競爭對手，他們的目標跟你一樣，爭取的事情和你的產品團隊想要爭取的也一樣。如果你進入的是全新的市場，也許沒有明顯的競品，不過，還是可能有網路巨頭或新創公司定義的小眾市場，你只是還沒想到而已。

直接競爭對手是指能夠提供你現有或未來顧客相同或非常類似價值主張的公司。例如，Uber 的直接競爭對手是 Lyft，兩家公司剛開始時，他們用完全相同的解決方案為同一類顧客解決相同的問題。計程車也是 Uber 的直接競爭對手，即使它們的商業模式與叫車服務不同。

我們在第 3 章中定義的婚禮 Airbnb 的初步價值主張是一個可以刊登和租用私人房屋作為婚禮場地的線上市場。在我的研究中，我發現最大的直接競爭對手是一個叫做 Wedding Spot 的網站，如圖 4-4 所示。

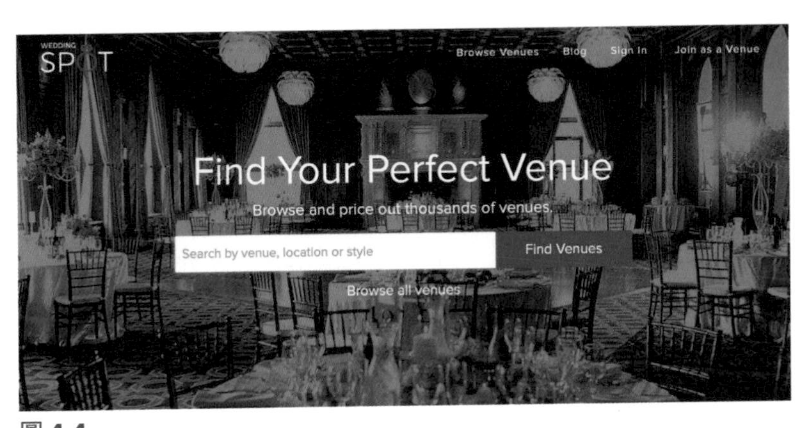

圖 4-4
直接競爭對手網站：Wedding Spot

圖 4-5
間接競爭對手網站：The Knot

Wedding Spot 是最大的直接競爭對手，因為他們 100% 專門幫助準新人找婚禮場地，在洛杉磯也擁有最多的婚禮場地（目前有 730 個）。網站還提供了一些很棒的功能，包括將場地並列比價、透明定價，這是其他競爭對手所沒有的。

間接競爭對手雖然提供不同的價值主張，但多少能滿足你客群的需求。舉例來說，Uber 的一個間接競爭對手是大眾交通工具，用不同的解決方案，解決了顧客的問題。

婚禮 Airbnb 最大的間接競爭對手是 The Knot，如圖 4-5 所示，它提供了完整的婚禮資源和策劃工具，包括大量可供搜尋和預訂的婚禮場地。然而，他們被歸類為間接競爭對手，因為婚禮場地列表只是他們解決方案的一部分。

間接競爭者可能只能為一個客群解決部分問題，或者帶有更大的價值主張。常見的間接競爭對手常是橫向市場和聚合商，例如亞馬遜（Amazon）、Craigslist 和 Yelp。那是因為他們為眾多客群提供了眾多解決方案。亞馬遜可能是任何電商公司最具威脅的間接競爭對手，因為它是線上購物的首選。但別只因為目標客群目前正在使用亞馬遜，就將之視為直接競爭對手。思考一下，亞馬遜會將我視為直接競爭對手嗎？可能不會。亞馬遜市場的直接競爭對手是另一個橫向市場，例如沃爾瑪（Walmart）。

查看相鄰市場來找到間接競爭對手也是好方法。這些競爭對手可能會擴展到你的市場（例如，Netflix 進軍直播串流和內容產製，或 Uber 的餐點外送）。

如果不確定競爭對手是直接競爭對手還是間接競爭對手，就先把研究做完。第 5 章會討論如何分析競爭對手，並將他們歸入正確的類別。

但是，不管是直接或間接，網路都是個競爭激烈的市場。在研究結果出來之前，請務必考慮所有競爭對手（這也會在第 5 章提到）。還有一個要考量的實際狀況是，人們常常會以開發者意想不到的方式使用產品或搭配其他產品，一定要找出來。（像是 Ena 在 Airbnb 網站發現婚禮場地租借的事情！）

如何找到競爭對手？

有許多方法可以知道你的直接競爭對手和間接競爭對手是誰。進行顧客探索或其他研究時，使用者可能會分享他們用的產品，進行利害關係人訪談時，客戶、投資人和其他產品負責人可能會提到他們欣賞或想仿效的產品，或以前曾聽過的產品。這就是為什麼要特別記下競爭對手名稱，這樣你研究競品時才不會忘記。在方便紀錄的地方列出潛在競爭對手，例如記事本 App、Google 文件或競品分析矩陣。

幸運的是，現在有超多網路搜尋工具可以用來進行有效的市場研究：Google、Bing、Yahoo 等都很常見，這些搜尋工具背後的演算法非常複雜，也意味著當我們開始蒐集資料時，連搜尋結果的順序也能透露一些訊息。

首先，搜尋和目標客群正面交鋒的直接競爭對手產品。以婚禮 Airbnb 而言，就要思考這些準新人會用什麼關鍵字來完成搜尋婚禮場地的任務。當我發現有用的關鍵字組合時，就把它存在競品分析矩陣工具中的競爭對手欄位下方。

以下是一些關鍵字例子：

- 場地預訂
- 婚禮場地
- 附近的婚禮場地
- 婚禮 App
- 婚禮規劃 App
- 婚禮宴會廳

但這只是我的起點。我通常採用以下方法來快速建立一份完整的流行關鍵詞列表，引導我找到更多競爭對手。

1. 我將其中一個腦力激盪的關鍵詞放進 Google 搜尋。當輸入關鍵詞時，Google 預測搜尋會顯示該關鍵詞的熱門排名，如圖 4-6 所示。我會輸入不同排列組合的關鍵詞，直到取得平衡的列表。如果是要查一句話而不是一個詞，要加上引號。即使價值主張不是 App，還是要加上關鍵詞「App / Apps」，這樣就不會漏掉行動解決方案的競品。

圖 4-6

Google 根據輸入的關鍵詞建議其他搜尋詞彙

2. 也要記得查看 Google 搜尋結果頁面底部的「搜尋相關 ...」建議，如圖 4-7 所示。

Searches related to "wedding venues"

wedding venues **malibu**	wedding venues **pasadena**
wedding venues **in california**	wedding venues **l southern california**
wedding venues **near me**	**cheap** wedding venues
outdoor wedding venues	**affordable** wedding venues

圖 4-7

顯示在 Google 搜尋結果底部的相關搜尋字詞建議

3. 為了確保沒有漏掉任何重要的關鍵詞，我會用 Google Ads 免費的「關鍵字規劃師」功能，如圖 4-8 所示。這通常是在規劃點擊付費式廣告行銷活動時用來發現新字詞。

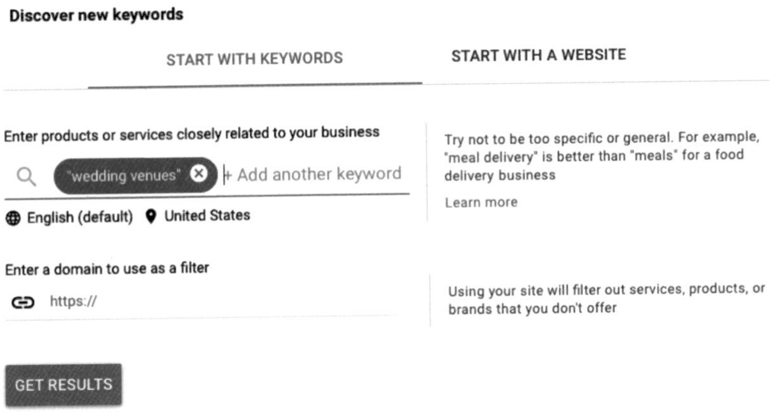

Discover new keywords

START WITH KEYWORDS START WITH A WEBSITE

Enter products or services closely related to your business

"wedding venues" + Add another keyword

English (default) United States

Try not to be too specific or general. For example, "meal delivery" is better than "meals" for a food delivery business

Learn more

Enter a domain to use as a filter

https://

Using your site will filter out services, products, or brands that you don't offer

GET RESULTS

圖 4-8

Google Ads 關鍵字規劃工具，用來從 Google 數據中觀察搜尋字詞流行度

"wedding venues"

Broaden your search: + outdoor event venues + event venues + private function venues + formal event venues + party venues + weddi

Exclude adult ideas ADD FILTER 595 keyword ideas available

Keyword (by relevance) ↓	Avg. monthly searches	Competition	Ad impression share	Top of page bid (low range)	Top of page bid (high range)
Keywords you provided					
wedding venues	100K – 1M	Low	–	$0.90	$3.50
Keyword ideas					
wedding venues near me	100K – 1M	Low	–	$1.03	$3.68
venues near me	10K – 100K	Low	–	$0.91	$4.50
cheap wedding venues	10K – 100K	Medium	–	$0.85	$2.99
outdoor wedding venues	10K – 100K	Low	–	$0.95	$3.00
wedding reception venues	1K – 10K	Low	–	$1.01	$3.91
small wedding venues	1K – 10K	Low	–	$0.97	$4.50

圖 4-9

由 Google Ads「探索新關鍵詞」功能生成的部分關鍵詞結果畫面

圖 4-9 顯示 Google 生成了其他相關詞彙以供探索。

掌握了幾十個關鍵詞（見圖 4-10）後，我可以在 Google 進行更深入的研究。

Keyword Phrases Below	Keyword Phrases Below
wedding venues	wedding halls
wedding venue near me	venue booking
outdoor wedding venues	Veranstaltungsorte für Hochzeiten
affordable wedding venues	venues near me
wedding venues southern california	wedding reception venues
free wedding venues	Airbnb for Weddings
wedding venue websites	small wedding venues
wedding planning apps	Keyword phrase or word 18
wedding apps	Keyword phrase or word 19
cheap wedding venues	Keyword phrase or word 20

圖 4-10

競品分析矩陣工具中儲存的婚禮 Airbnb 關鍵詞

4. 我有時也會用上 Crunchbase Pro 企業服務資料庫，Crunchbase 是一個用來尋找私人和上市公司商業資訊的平台，專業版可以使用進階工具和附加數據。如圖 4-11 所示，這是我在搜尋「婚禮場地」後找到的競爭對手列表。

   並非所有列出的公司都與我的價值主張有關。所以先瀏覽列表，確定誰是我真正的競爭對手。

5. 不要忘記客群也可能在國外，也就是說，你可能有國外的競爭對手。如果是要進入一個「新」市場，這點尤其重要。使用 Google 進階搜尋工具裡的區域和語言篩選器，就能夠找到其他國家／語言的產品。如果運氣不好，可以試試我在婚禮 Airbnb 用的方法：使用 Google 翻譯，將「婚禮場地」翻譯成其他語言，如德語 Veranstaltungsorte für Hochzeiten。有了這組關鍵詞，我就可以直接進行 Google 搜尋或上述步驟 1，以找到更多競品。

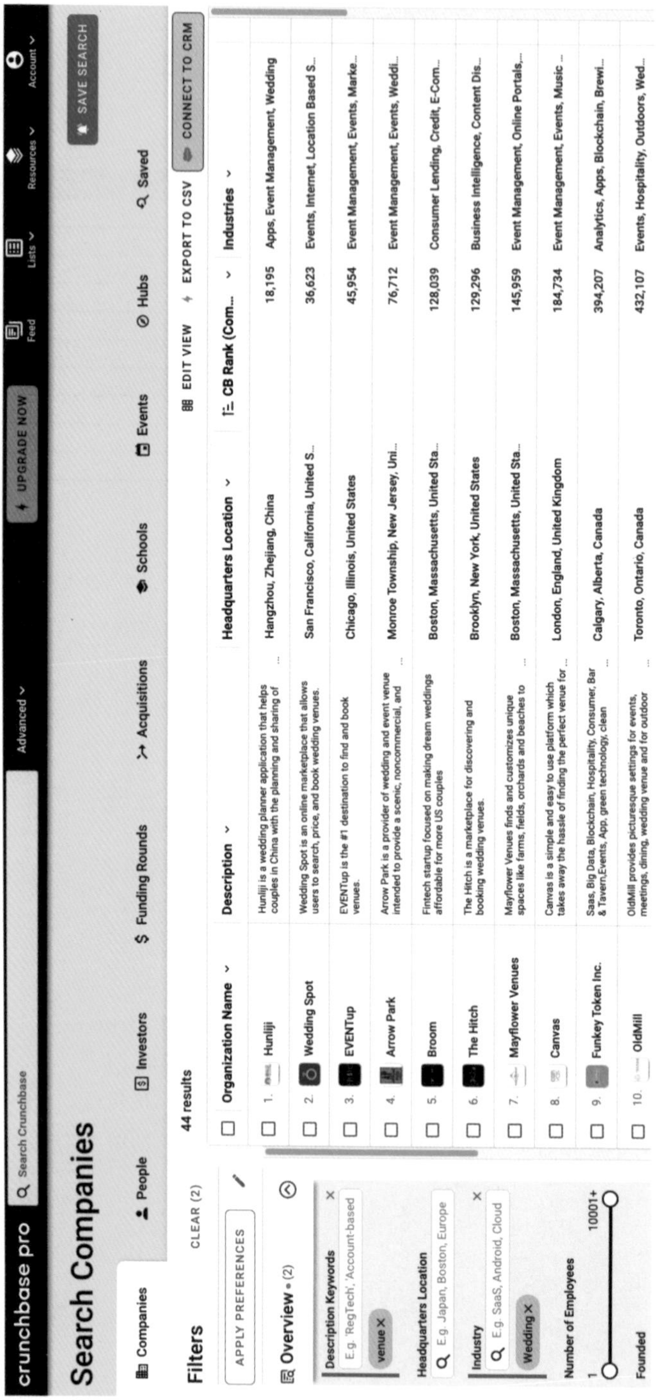

crunchbase pro | Search Crunchbase | Advanced | UPGRADE NOW | Feed | Lists | Resources | Account

Search Companies

SAVE SEARCH

Companies | People | Investors | Funding Rounds | Acquisitions | Schools | Events | Hubs | Saved

Filters CLEAR (2)

APPLY PREFERENCES

Overview • (2)

Description Keywords
E.g. 'RegTech', 'Account-based
venue ×

Headquarters Location
E.g. Japan, Boston, Europe

Industry
E.g. SaaS, Android, Cloud
Wedding ×

Number of Employees
1 10001+

Founded

44 results

EDIT VIEW | EXPORT TO CSV | CONNECT TO CRM

	Organization Name	Description	Headquarters Location	CB Rank (Com...	Industries
1.	Hunliji	Hunliji is a wedding planner application that helps couples in China with the planning and sharing of ...	Hangzhou, Zhejiang, China	18,195	Apps, Event Management, Wedding
2.	Wedding Spot	Wedding Spot is an online marketplace that allows users to search, price, and book wedding venues.	San Francisco, California, United S...	36,623	Events, Internet, Location Based S...
3.	EVENTup	EVENTup is the #1 destination to find and book venues.	Chicago, Illinois, United States	45,954	Event Management, Events, Marke...
4.	Arrow Park	Arrow Park is a provider of wedding and event venue intended to provide a scenic, noncommercial, and ...	Monroe Township, New Jersey, Uni...	76,712	Event Management, Events, Weddi...
5.	Broom	Fintech startup focused on making dream weddings affordable for more US couples	Boston, Massachusetts, United Sta...	128,039	Consumer Lending, Credit, E-Com...
6.	The Hitch	The Hitch is a marketplace for discovering and booking wedding venues.	Brooklyn, New York, United States	129,296	Business Intelligence, Content Dis...
7.	Mayflower Venues	Mayflower Venues finds and customizes unique spaces like farms, fields, orchards and beaches to ...	Boston, Massachusetts, United Sta...	145,959	Event Management, Online Portals,...
8.	Canvas	Canvas is a simple and easy to use platform which takes away the hassle of finding the perfect venue for ...	London, England, United Kingdom	184,734	Event Management, Events, Music ...
9.	Funkey Token Inc.	Saas, Big Data, Blockchain, Hospitality, Consumer, Bar & Tavern,Events, App, green technology, clean ...	Calgary, Alberta, Canada	394,207	Analytics, Apps, Blockchain, Brewi...
10.	OldMill	OldMill provides picturesque settings for events, meetings, dining, wedding venue and for outdoor ...	Toronto, Ontario, Canada	432,107	Events, Hospitality, Outdoors, Wed...

圖 4-11

用 Crunchbase Pro 搜尋婚禮產業的結果畫面截圖

一個好的搜尋結果通常也會比搜尋頁面上的競品網站本身更有幫助，因為這樣有機會接觸更多 Medium 文章或小眾部落格等媒體平台，閱讀專家整理的「十大」或「最棒的」介紹文章，這是尋找競爭對手的另一個重要起點。此外，請不要只看搜尋結果的第一頁，至少要瀏覽完五頁（前 50 個結果），看看其中是否藏有寶貴的訊息。

理想情況下，在瀏覽搜尋結果時要盡可能快速和精確。專業網路研究員與業餘研究員的區別在於前者能確定找到的產品是否符合標準。別偷懶。請有系統地檢視所有連結，確保不會錯過任何有用的資訊。

縮小競爭範圍

現在，你應該已蒐集一個龐大的競品清單。當我搜尋完婚禮 Airbnb 各種關鍵詞的排列組合，大約得到 40 多組競品，但並不是所有都與我的價值主張相關，所以現在就要開始整理列表了。來回看過每個競品，點進登陸頁面看一下、閱讀「About ／關於」頁面、瀏覽一下產品、想一想他們有沒有哪個角度與你的價值主張相契合。如果有，就列入競爭對手清單；如果沒有，則將其刪除。

如果真的遇到了藍海，市場中只有少數競爭者，那麼請嘗試找出前五大直接和間接競爭者。如果你還沒有，那麼試著建立一個多樣化的競品清單。要取得潛在市場中各種不同產品的全貌。

研究所有競品資料

完成競爭對手的清單後，我們就可以進行其他資料的蒐集。可以打開〈UX 策略工具包〉的〈競品分析矩陣（Competitive Analysis Matrix）〉小工具，如圖 4-12 所示，有一份空白範例可供試用。

範例裡的每一行填寫競爭對手，而每一列則填寫競爭對手的特性（見圖 4-13）。最右邊的欄位用來填寫「從競品角度進行的 SWOT 分析」，到第 5 章才會說明，可以暫時忽略，先把資料蒐集完整。

COMPETITIVE ANALYSIS MATRIX			
Your Value Prop Goes Here	URL of Website or App Store Location	Login Credentials	Value Proposition
DIRECT COMPETITORS			
Competitor Name 1			
Competitor Name 2			
Competitor Name 3			
Competitor Name 4			
Competitor Name 5			
add more rows if needed			
INDIRECT COMPETITORS			
Competitor Name 1			
Competitor Name 2			
Competitor Name 3			
Competitor Name 4			
Competitor Name 5			
add more rows if needed			

圖 4-12

競品分析矩陣工具（部分截圖）

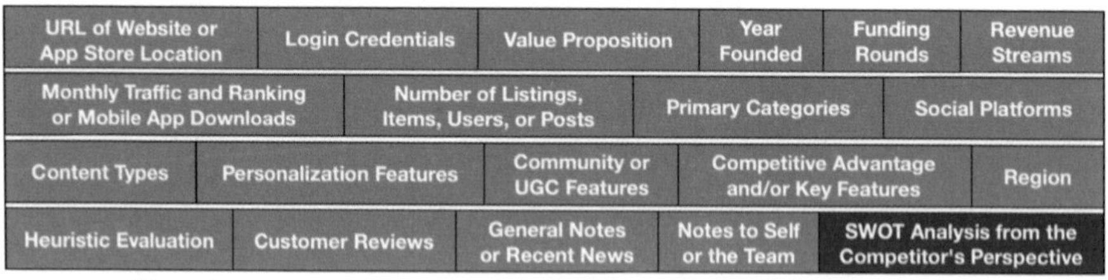

URL of Website or App Store Location	Login Credentials	Value Proposition	Year Founded	Funding Rounds	Revenue Streams
Monthly Traffic and Ranking or Mobile App Downloads	Number of Listings, Items, Users, or Posts	Primary Categories	Social Platforms		
Content Types	Personalization Features	Community or UGC Features	Competitive Advantage and/or Key Features	Region	
Heuristic Evaluation	Customer Reviews	General Notes or Recent News	Notes to Self or the Team	SWOT Analysis from the Competitor's Perspective	

圖 4-13

水平欄位（X 軸）是每一列資料的各種屬性（在此以四行將所有欄位列出）

我們會逐一討論，依據市場範圍與 UX 屬性來評估各個競爭對手，針對每個欄位需要取得的內容加以說明。不是每個屬性都適用所有的數位產品，所以可以自行跳過或刪除與你產品無關的屬性，或新增、修改缺少的屬性。重點是能幫助你清楚評估 UX 和商業模式的優缺點。

競品名稱

現在將競爭對手的清單填入最左邊，價值主張下方的 Y 軸欄位裡，如圖 4-14 所示。稍微把競品分成直接和間接競品。

但請注意，在進行研究時，你對某個競品是直接還是間接競品的看法可能會變，尤其是當你對自己的價值主張搖擺不定時。這份清單到最後還是需要重新整理一遍，我會在第 5 章開始分析時詳細說明。現在先專心把其他欄位的研究資料填入即可。

Airbnb for Weddings is an online marketplace for listing and renting private properties as wedding venues
DIRECT COMPETITORS
Wedding Spot
Here Comes the Guide
Wedgewood Weddings
INDIRECT COMPETITORS
The Knot
Wedding Wire
HitchBird
Airbnb
Yelp (can search wedding-related keywords)
WebShed
Peerspace (has wedding option)
Splacer (has wedding reception option)
VenueBook

圖 4-14
垂直欄位（Y 軸）：列出價值主張和競爭對手

好，做個深呼吸，因為我們即將進入研究和取得分析結果這個耗費心力的過程了。請調整工作節奏，盡可能迅速完整取得所需的資訊。研究是曠日費時的工作，所以一旦你跳進這個無底深淵，要記得適時保持清醒。

首先，用一小時的時間盡量把每一行填滿，計時 30 分鐘，在填寫到一半的時候回頭檢查一遍。保持研究整理的內容簡潔扼要，這樣之後不論是誰要查閱前面的試算表，都不用浪費時間去看多餘或不相關的資訊。也要試著保持開放的心態，因為目前最重要的事情，就是要辨識眼前產品是否確實是個競品。

網站網址或 App 商店連結

這是顧客用來接觸產品的主要路徑。以網站和平台為例，路徑就是網站網址，如圖 4-15 所示。以跨平台產品來說，你可以列出網站網址，App 商店的頁面連結等。要讓團隊成員無論使用什麼裝置都能方便檢視。以下範例就是 Waze App 分別在 Apple 和 Android 平台的連結：

Apple

> *https://itunes.apple.com/us/app/waze-social-gps-maps-traffic/id323229106?mt=8*

Android

> *https://play.google.com/store/apps/details?id=com.waze&hl=en*

如果產品是一個手機 App，桌機版只是用來做行銷或支援用途，那麼就不需要把兩個平台都列入。要置入網址的超連結，這樣就能直接點擊開啟。

如果你發現競爭對手的網站和手機 App 對於產品的顧客體驗都極為重要，特別是當兩者提供明顯不同的使用者經驗或功能，那就一定要兩者都納入。會建議將競爭對手直接分成兩行，這樣就能分別對兩個平台做評估。

URL of Website or App Store Location
https://www.wedding-spot.com

圖 4-15

Wedding Spot 網址連結範例

登入資訊

為了打敗競爭對手，你必須摸清楚他們的底細。你要知道你不知道的事情，很多時候，可以得到這些資訊唯一的辦法是把自己變成對手的使用者，從對手的產品經驗 / 銷售漏斗中窺知一二。沒錯！就是建立一個帳戶或下載他們的 App。圖 4-16 的欄位用來紀錄這些資訊。

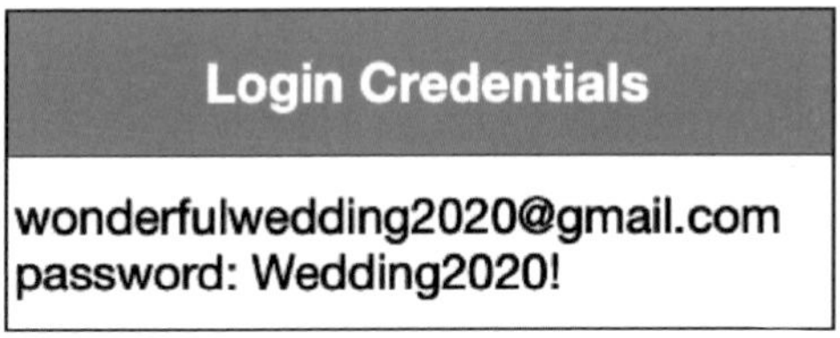

Login Credentials

wonderfulwedding2020@gmail.com
password: Wedding2020!

圖 4-16
登入資料範例

記錄帳戶訊息的好處是可以幫你和團隊節省時間，他們就不用一直申請假帳號。如果研究的是雙邊市場，而必須建立兩種類型的帳戶時，這個方法就特別有用（例如買方和賣方）。當建立新帳戶時，不要太幼稚，對於這些共享的使用者名稱、密碼和個資，請務必小心選擇。在某些情況下，為測試軟體建立假帳戶也可能會出現問題，取決於註冊網路服務時同意的服務條款、要查看的網站或 App、甚至是你任職的公司。有關這方面的更多資訊，請查看 SCIP 道德準則[4]。

在某些企業環境中，對於許多 B2B 產品，你只能透過提供聯繫資訊、與對方通電話來接觸產品或取得 Demo。有些公司禁止他們的員工進行此類調查研究，或要求很多法律或審計程序。一種可能的解決方法是在 YouTube 和 Vimeo 上搜尋公開的 Demo、教學、和產品評論。如果你需要比在網路上找到還要更多的資訊，那可能就要委外進行。

價值主張

如第 3 章所述，價值主張是公司承諾會提供給顧客的產品或服務，基本上是高層次的產品或商業模式說帖。所以，讓團隊知道競爭對手會怎麼對使用者或投資人說明這些內容會很有幫助。在此描述中，最好包括主要客群。

4 "The SCIP Code of Ethics," SCIP, *https://oreil.ly/QpTa2*.

Value Proposition	Value Proposition
Wedding Spot is an online marketplace that allows wedding planners to search, price, and book wedding venues.	Peerspace is an online marketplace that connects professionals and businesses to creative spaces. Peerspace has a wedding sub-category for spouses-to-be to find non-conventional venues.

圖 4-17

直接和間接競爭對手的價值主張描述

通常可以在以下這些地方找到這項資訊：

「關於」或「關於我們」

競爭對手通常會在這裡闡明其價值主張。

Crunchbase 新創公司資料庫網站（或 *Owler*）

「公司概況」和「詳細介紹」區塊都有公司的介紹。特別適合搜尋新創公司。

iTunes 或 *Google Play App* 商店

「說明」內容的前兩行通常是你想找的資訊。

Linkedin、*Facebook*、*Pinterest*、*Twitter* 和 *YouTube* 等社群網站

有時也可以在此找到對手價值主張的資訊。

線上年報（上市公司和非營利組織）

年報是公司向股東提交的年度報告，記錄上一會計年度的活動和財務狀況。報告的開頭會有公司介紹。搜尋競爭對手的名字＋「年報」就可以輕鬆找到。或者也可在 EDGAR[5] 資料庫上查找。

5 James Chen, "Electronic Data Gathering, Analysis and Retrieval (EDGAR)," Investopedia, July 31, 2020, *https://oreil.ly/rzrHv*.

假使用者小建議：

- 為所有要研究的產品建立一組通用的使用者名稱和密碼，讓你和團隊方便記憶及使用。密碼要有一個大寫字母和數字，因為有些網站會有這類註冊的要求。
- 千萬別用小孩生日、密碼或髒話等。你的顧客或同事可能共用這些資訊。
- 千萬別用一次性帳戶、個人 Facebook 帳戶、任何個人社群帳戶進行註冊。如果打算在社群平台上開匿名小帳，請注意是否違反了服務條款，帳戶有隨時被刪除的可能。
- 如果研究的是電商網站，就在上面買點東西。如果是付費 App，就花錢買吧，別省這麼點錢！通常只是小錢而已，買個帳號讓整個團隊都能獲取相關資訊算是不錯的投資。
- 請以安全、合法、和符合道德規範的方式蒐集競品資訊[6]。越來越多的線上公司和服務都在加強其安全性，要求進行雙重身份驗證等。請參考最新的資訊安全部落格和書籍，例如 Michael Bazzell 的《Open Source Intelligence Techniques》[7]，了解更多使用虛擬機（VM）等工具來安全地蒐集競品資訊。

圖 4-17 列出了直接競爭對手 Wedding Spot 和間接競爭對手 Peerspace 的價值主張。為了保持內容精確和簡潔，所以我沒有把 Wedding Spot 的整個價值主張 / 聲明直接複製貼上到欄位中，而是將內容精練為價值主張的基本元素，包括服務的客群。對於 Peerspace 這樣的間接競爭對手，就要確保把與我的價值主張相關的部分涵蓋進來。否則，我的協作夥伴或利害相關人可能會不清楚為什麼不那麼明顯的競爭對手被納入研究中。

6 "The Ethics of Competitive Intelligence: The Fine Line Between CI and Corporate Espionage," LAC Group, September 23, 2019, *https://oreil.ly/F36KF*.

7 Michael Bazzell, Open Source Intelligence Techniques: Resources for Searching and Analyzing Online Information, 7th ed. (Independently published, 2019).

創立年份

這家公司在哪一年創立？產品在哪一年上市（圖 4-18）？通常可以在描述價值主張的地方找到這些資訊，例如，關於我們、Crunchbase 等。當你進行分析時，這會是有用的資訊，因為可以了解誰是新進對手（產品／服務），誰又已經在市場上一段時間了。在 The Knot 的這個例子中，我們可以看到它們自 90 年代中期就已經出現了。這意味他們經歷過互聯網泡沫化的風暴，也是某個解決方案的「先驅」。

Year Founded
1996

圖 4-18
創立年份欄位範例

募資階段

募資階段是一間公司或企業在營運、擴張、投資計畫、收購、或其他商業目的等所獲得的投資[8]（見圖 4-19）。這項資訊通常能在 Crunchbase ／競爭對手的網站找到。這項資訊很重要，因為有資金挹注的競爭對手，其競爭優勢會大大提高。上市公司可以透過發行和出售股份來籌措資金，新創公司則是透過朋友、家人 / 信用卡自籌資金。如果對競爭對手的融資 / 併購有任何存疑或理解出入，可以在 Google 上搜尋該公司近期發布的新聞稿。其他可以找到此資訊的地方是 Crunchbase ／競爭對手的網站。

Funding Rounds
Raised $3.2M in two rounds from three lead investors

圖 4-19
Wedding Spot 的募資階段和金額範例

8 "Securities Offering," Wikipedia, *https://oreil.ly/aKEB6*.

收益流

收益流是指產品獲利的方式，如果你還記得的話，它是商業模式的重要組成部分（見第 2 章）。收益流可能來自交易手續費、廣告、月費、軟體即服務（SaaS）、或經由提供使用者數據和市場趨勢報告給其他公司而獲得。公司也可能沒有收益流，而是指望在資金燒完之前被一家大公司（Facebook、Amazon、Apple、Netflix、Google 等）收購。如果不清楚這個資訊，總有線索可循。例如，網站上是否有下廣告？看看有沒有「在這裏投放廣告」超連結。年報也會包含此類資訊。

如圖 4-20 所示，我發現 The Knot 有很多收益流，但商家為了出現在列表中而支付的訂閱費是他們的主要收益流。

Revenue Streams
Local advertising (listing subscriptions; being paid by local vendor is their primary revenue stream. National advertising. Registry referral commissions. E-commerce (personalized napkins, glasses, etc.)

圖 4-20
The Knot 收益流範例

每月流量數據

每月流量的確具有可測量及量化的特性，以衡量競爭對手網站或 App 的月流量。SimilarWeb（*www.similarweb .com*）是目前最好用的免費資源。它對不斷增長的數十萬個網站和 App 的數據集進行三角測量，這些網站和 App 與之共享直接測量的數據。雖然 SimilarWeb 沒有顯示每月訪客數，但它還是提供了其他洞見，像是網站的平均頁面停留時間以及訪客國家 / 地區。它的類別排名是一個有用的洞見，因為可以清楚地顯示網站在全球、國內和其類別內的流量足跡。例如圖 4-21 的範例顯示，The Knot 每月有 1150 萬訪客數，並且在婚禮類別中排名第一。最接近的直接競爭對手 Wedding Wire，每月僅吸引 494 萬訪客數，其實是隸屬於 The Knot。

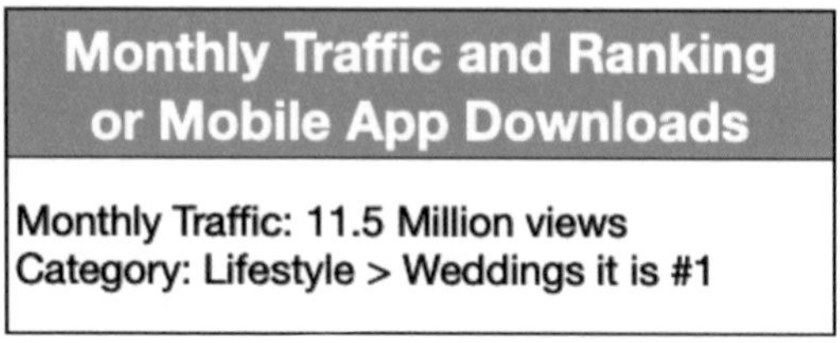

Monthly Traffic and Ranking or Mobile App Downloads

Monthly Traffic: 11.5 Million views
Category: Lifestyle > Weddings it is #1

圖 4-21

The Knot 每月流量數據範例

若要進行更精確和更廣泛的分析，就要付費訂閱 Comscore、Alexa Internet、Ahrefs、Semrush 或 Quantcast 等服務。

對於原生行動 App，目前無需帳戶即可使用 Sensor Tower 來取得前一個月的下載量。使用 Crunchbase Pro 試用版一週，也可以取得例如上個月的下載量和月增長等行動 App 指標。對於更廣泛的數據，可以付費訂閱 App Annie 或 Sensor Tower，雖然非常貴。未來也可能出現更多其他市場情報公司來提供這些數據。

項目、物件、使用者等數量

有時，此欄位是非必要的，因為資訊可能無法獲得或根本不適用你的價值主張。但是這個欄位很重要，因為代表了核心資產，也就是使產品有用的東西，包括在 Airbnb 上出租的房源、在 Amazon 或 eBay 上出售的物品、在 Tinder 上匹配的使用者資料、甚至在 The Knot 上租用的婚禮場地。如果是間接競爭對手，則關注與你產品相關的項目即可（例如，Amazon 上黑色 T 恤的數量，而不是 Amazon 上的商品總數）。這個可量化的指標是預測市場滲透率的絕佳比較點。可以幫助你進行基準測試，評估競爭對手提供的產品夠不夠，以及你的產品在該領域是否有發展機會。

如圖 4-22 所示，找到這個數字的訣竅是根據你的標準來決定的。對於 Airbnb for Weddings 研究，我專注於所有競爭對手在洛杉磯的婚禮場地數量，因為這樣比較容易進行基準測試（更多資訊請見第 5 章），且我的價值主張是以洛杉磯為出發點。

對於影片共享或內容網站，要追蹤平台上有多少影片 / 文章。取得此數據的一個困難點是若平台使用「無限捲動」的設計，就不容易知道總共有多少個結果。但即使需要手動點擊到結果的最末頁，也是值得做的。

Number of Listings, Items, Users, or Posts
Wedding venue listings in 50 states, 729 venues in Los Angeles

圖 4-22

Wedding Spot 項目列表範例

主要分類

如果你研究的網站有銷售商品（比如 Esty）或提供內容資訊（比如 Netflix），那麼你必須了解這些內容的分類方式。網站可能已分類好自己的內容了（有最好），就可以直接查看主選單。如果分類項目很少（婚禮規劃工具、本地商家、婚禮相關內容等），那麼就直接複製到欄位裡，如圖 4-23 所示。

如果分類項目像 Amazon 或 eBay 一樣很多、很複雜，那麼此網站可能是個水平市場。水平市場橫跨許多領域，提供滿足廣大顧客需求的產品或服務，這與以單一市場（例如，電子產品）為目標的垂直市場相反。如果你研究水平市場，請試著弄清楚哪些是最活躍的產品類型。看一下網站首頁的主打功能，看一看網站上「最紅」或「最暢銷」的產品是什麼？只要把這些熱門產品相關的分類納入即可。千萬別把「關於我們」或「幫助」這些非內容 / 分類的內容列入。

Primary Categories
Wedding planning tools Local vendors Wedding content

圖 4-23

The Knot 主要分類範例

社群平台

競爭對手的品牌有出現在 Twitter、Facebook、Linkedin、或其他平台嗎？現在大部分產品都有社群帳號，但不會把每個都經營。哪個是活躍的？哪個不活躍？圖 4-24 顯示可以檢視的可量化數據類型，以確定每個競爭對手的社群策略或缺乏的策略。

Social Platforms
Instagram: 16.1k followers, 1,511 posts, active daily **Pinterest**: 7k followers, 540.4k monthly viewers **Facebook**: 55194 followers, active daily **Twitter**: 1266 followers, 2-4 posts per week

圖 4-24

Wedding Spot 社群平台範例

如圖 4-24 中的 Wedding Spot 範例，我們可以看到他們有多少追蹤者或觀看次數，以及他們在發布建立知名度和品牌忠誠度的內容或促銷活動方面的活躍程度。你只需在 Twitter、Facebook、Instagram、YouTube、Pinterest、LinkedIn 和任何其他當紅的社群平台上搜尋產品名稱，就可以找到。你也可以從競爭對手網站上顯示的社群媒體圖示點擊進入。圖 4-24 顯示他們在這些平台上非常活躍，但在 Twitter 上沒有很多關注者。

當在查看各種社群媒體帳號時，也是關注對方的好時機。追蹤他們的貼文來了解最新消息。留意直接競爭對手使用的流行標籤（hashtags），因為這些標籤可能是你的產品發布後也會使用的標籤。

內容類型

這個欄位是用來闡述競爭對手網站是哪種類型。主要內容是文章、照片或影片？品質如何？如果你已經取得了項目列表、使用者資料、詳細物件頁面，請拆解每個頁面中的內容，如圖 4-25 中所示。也要注意內容是否易於瀏覽／閱讀。資訊的詳盡程度和豐富程度如何？是否一致？有部落格嗎？

Content Types
Vendor listings with photos, description, map, reviews, etc.
Wedding inspiration blog posts categorized by a range of themes; text and photos on the website, hundred of videos on YouTube

圖 4-25
The Know 內容類型範例

個人化的功能

個人化是產品吸引顧客最關鍵的特質之一。這些功能包括使用者個人資料、新消息、我的收藏、願望清單、購物車清單、通知、推薦等。這些類型的功能加速了互動，進而影響顧客滿意度以及訪問的頻率。對於像是 Facebook 和 LinkedIn 這類社群產品來說，個人化本身就是價值創新。

社群和專業網站高度個人化，因為它們基本上是現實世界使用者的虛擬代表。 LinkedIn 展示了我的個人檔案、我的工作經歷、我的一對一聯繫，以及我的分享活動。這些對我來說是獨一無二的，讓我喜歡用這個產品。人們花在個人化產品體驗上的時間越多，黏著度就越高。

查看個人化功能的最快方法是檢視競爭對手的「我的帳戶」或「我的個人資料」區塊。如圖 4-26 所示，The Knot 的啟用體驗包括儀表板、預算工具、註冊表、賓客清單、網站、商家訊息歷史記錄等。

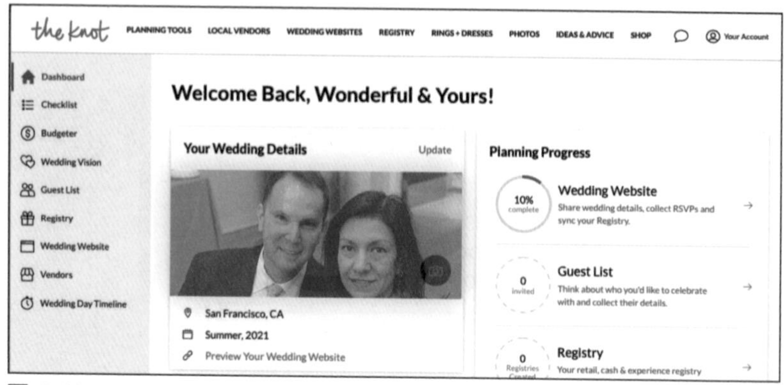

圖 4-26

The Knot 儀表板

這就是 The Knot 如此成功的原因。新人在建立帳戶的那一刻，他們就會被推入婚禮規劃體驗，這基本上就將他們導入 The Knot 的漏斗中。圖 4-27 顯示 The Knot 個人化功能的摘要。

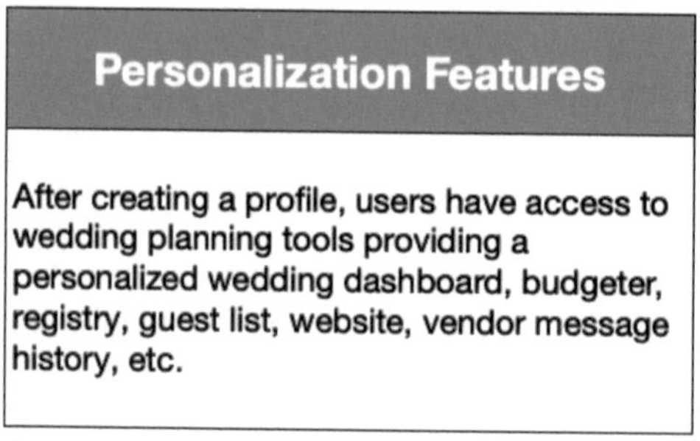

Personalization Features

After creating a profile, users have access to wedding planning tools providing a personalized wedding dashboard, budgeter, registry, guest list, website, vendor message history, etc.

圖 4-27

The Knot 個人化功能範例

使用者生成內容／群眾外包內容

使用者生成內容（UGC）是指使用者自行產生的內容，群眾外包（Crowdsourcing）內容則是藉由使用者的操作行為建立的。UGC 內容本身也可以是很大一部分的價值創新。有些產品，例如 Yelp、Waze、eBay、Airbnb、Tinder 等，若沒有使用者生成內容，就變得沒有價值了。相反地，Netflix 和 Target 等平台則除了編輯內容或產品評級外，幾乎不提供使用者生成內容。

可以在留言板、論壇、評論、星評、使用者個人資料、使用者回覆、以及基本上所有使用者能發佈到平台的各種內容來尋找 UGC 功能。對於群眾外包資料，可以運用 Twitter 上的趨勢標籤和 Waze 上的交通警告。

如圖 4-28 所示，The Knot 提供了一個由幾個與婚禮相關的板組成的討論區，也有簡單顯示每個場地的顧客評論。看一下有多少發文以及發文日期。

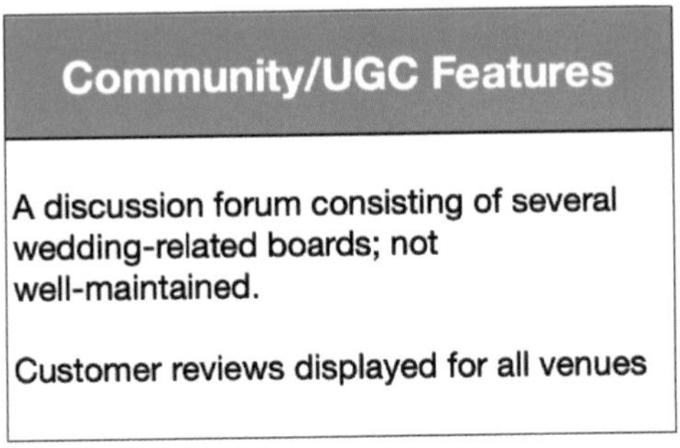

Community/UGC Features
A discussion forum consisting of several wedding-related boards; not well-maintained. Customer reviews displayed for all venues

圖 4-28
The Knot 社群／ UGC 功能範例

競爭優勢／重點功能

所謂的差異化就是你能提供對手還沒發現的獨到之處。舉例來說，網路電商 Zappos 以令人驚艷的顧客體驗打響名號，它以很棒的瀏覽體驗和簡易的退貨流程而聞名。

差異化也可以是把幾個讓產品更好的特點組合起來，有些是提供顧客一站式服務，例如 The Knot；有些則是以線上體驗來強化線下體驗，反之亦然。例如，線上預訂星巴克咖啡，不在實體星巴克排隊；或是在 Casper 實體店試躺床墊，然後在網路上訂購。

找出每個產品前兩大差異點並填進欄位，如圖 4-29 對 Wedding Spot 的描述。然後想一想，有哪些特點是因為產品領先進入市場才獲得成功？這些特點容易被複製嗎？是演算法或數據（即龐大的多樣化使用者資料）賦予其價值，還是兩者都有？

Competitive Advantage and/or Key Features
Wedding Spot is focused on the wedding venue market which allows it to go deeper. Its unique Spot Estimate™ feature can automatically generate an estimate with the wedding information provided by users and venue information provided by the businesses. The side-by-side venue comparison feature is also quite handy.

圖 4-29

Wedding Spot 重點功能帶來的競爭優勢範例

啟發式評估

啟發式評估法是一種軟體的易用性評估方法，以找出介面設計中的易用性問題。現在沒有時間進行鉅細靡遺的評估，而是要確認達成價值主張中相關任務的難易程度。包括任何可能值得挖掘的無痛方法（在第 6 章詳細介紹）。

以 The Knot 為例，如圖 4-30 所示，我們聚焦尋找和預訂婚禮場地，這只是該平台的一個面向。

快速評估網站是否能順利執行大部分的操作。完成後，依「A」到「F」打分數，並加上一段簡短評論。這個方法的優點在於，我們能將質性資料轉化為對團隊非常重要的可量測數據。

Heuristic Evaluation
GRADE = A Searching for reception venues on this website is very intuitive. Reception venue is listed under "Local Vendors" as a second-level navigation item. The website automatically detects the geo location and displays nearby cities' listings to expose users to a broader selection. "Backyard" is a filter option, though the returning results are still places like private villas and are more on the expensive side.

圖 4-30

The Knot 啟發式評估範例

給鐵桿網路偵探的其他資源

企業簡報

在 SlideShare 上搜尋公司或產品名稱。此平台常有公司或會議簡報的 PowerPoint 或 PDF 檔案，其中可能包括財務數據、新專案、以及未發布的產品和介面。

Google 快訊

設定與價值主張高度相關的關鍵字 Google 快訊。對於婚禮 Airbnb 來說，關鍵字可能是「洛杉磯平價婚禮場地」。例如，我在 2014 年編寫第一版時為「婚禮 Airbnb」設了快訊，幾年後我便收到了競爭對手 WedShed 的消息。

招聘資訊

在 LinkedIn、CareerBuilder、Glassdoor 和 Indeed 等網站上瀏覽競爭對手的招聘資訊，尤其是產品團隊和行銷職缺。了解對方如何闡明自己的使命、公司文化、和職務說明很有幫助。

付費報告

看看公司是否有人可以進入 Dun & Bradstreet、Gartner 或 Forrester Research 的資料庫。這些機構專門發表產業和公司的研究報告。

電子報、新聞稿、新聞文章

在網路上搜尋主流媒體和技術中心的最新文章。在競爭對手的網站上搜尋最新發展的新聞稿。訂閱他們的電子報，查看他們的溝通方式。

社群媒體監控工具

有許多工具，如 Hootsuite 和 Keyhole，可以在一個地方監控競爭對手的社群媒體帳戶、品牌情緒、關鍵字、和主題標籤。這些工具不是很貴，而且很多都有免費試用。

網站時光機

> 這個網際網路的數位典藏館（http://web.archive.org）由 Internet Archive 於 1996 年創立，可以帶你「回到過去」、探索網站的過去版本。這是研究公司、產品、和品牌如何隨時間演變的好方法。

請注意，其實還有許多手腳不乾淨方法可以用來監視競爭對手。但我不推薦這些做法，因為不道德。

顧客評論

這是產品網站以外（無論是數百則或數千則）的顧客評論摘要。以手機 App 為例，你可以在 Apple 和 Google Play 商店的產品下載區找到顧客評論，如圖 4-31 所示，The Knot 的行動 App 的得分都很高，雙平台分別為 4.8 和 4.7。

但不要只做到這裡。The Knot 的網路搜尋出現了許多對客服的投訴。花時間閱讀使用者最近對產品的評價（無論好壞）會很有幫助，因為這些抱怨可能是形成差異化顧客體驗理念的核心。

有許多評論網站可以用來了解提供網站服務的競爭對手，像是 Sitejabber.com 和 Trustpilot.com。有時，你也可以在使用者向大眾尋求疑難解答的 Quora、Reddit 或其他類似的留言板平台上找到評論。搜尋目標是近期反覆出現的顧客投訴，因為那些潛在的痛點正是你的團隊能夠加以利用並改進的部分。請記得，比起好的體驗，顧客較容易抱怨不好的體驗，因為大家遇到挫折就會想發洩一下。此外，評論也很常是虛假的，像是競爭對手或酸民來留言。所以最好的辦法是閱讀所有資訊，並梳理出常見的抱怨，然後看看當你瀏覽產品本身時是否也有遇到。無論如何，這都是發現競爭對手錯失良機的好方法。

Customer Reviews
4.8/5 on App Store, 35,592 ratings 4.7/5 on Google Play, 24,362 ratings Numerous current customer and vendor complaints about their customer service on Sitejabber.com and Trustpilot.com

圖 4-31
The Know 顧客評論資訊範例

一般資訊／最新消息

無法列入以上標題欄位的研究內容可以放到這個欄位。如果有更有用的屬性需要檢視，例如，與追蹤的產品相關的任何新聞連結，或你對目標客群的想法，可以隨意變更這個欄位的名稱。如果是 B2B 產品，你可以記錄他們的主要客戶或顧客。或者追蹤他們為文章下廣告或贊助的任何貿易或商業雜誌。

給團隊或自己的注意事項

請記住，這是份協作的文件，其他人也有機會閱讀，並提供更多有價值的資訊。因此，你可以加入一些小筆記，例如「這個網站用 Safari 開不了，不知道是不是我的問題。」「欸 Steve，你可以用這個網站買一雙鞋讓大家了解整個交易流程嗎？」

從競爭對手的角度進行 SWOT 分析

在完成全部競爭對手的研究之前，暫時不用管分析這部分。原因是你要先蒐集所有資料，以便準確地將競爭對手相互比較。第五章會說明分析的部分。

最後小提醒

產品團隊和利害關係人在研究結束後，通常不會繼續留意市場狀態。但這可是犯了天大的錯誤，因為網路世界瞬息萬變，數位產品變化淘汰的速度超快，競爭環境也一直不斷在變化，因此，競品研究是持續不斷的工作。往往一家競爭對手殞落，又會有兩家冒出來，這種情形就像是打地鼠一樣，沒完沒了、永無休止。舉例來說，我在 2020 年為婚禮 Airbnb 平台做了競品研究，相信如果你關注 2022 年後的市場環境，一定是物換星移、天差地遠了。這是為什麼你和團隊一定要保持戰戰兢兢、隨機應變的態度，隨時擷取競爭對手最新的想法，並且立即了解這些想法對你產品願景有何影響。

本章回顧

大量的產品迭代和廣泛的顧客訪談並不能保證能產出有價值的產品。要創造獨一無二的產品，你不能忽視競爭對手。我們在本章討論了如何透過競品研究來了解市場。你學到了分辨直接和間接競爭對手的方法，也鍥而不捨地搜尋網路，獲得質化和量化的資料，幫助你了解你的產品可能進入的市場型態。現在，可以著手分析試算表的資訊，提取出有意義的情報，為 UX 設計和商業模式引路。聽起來有點複雜，但別擔心，讓我們繼續看第五章。

[5]

競品分析

〔分析是〕人們運用科學與非科學的方法和過程，來解釋資料或資訊，並產出具洞見的發現，作為決策者的行動建議[1]。

—BABETTE BENSOUSSAN與CRAIG FLEISHER
《企業策略與競爭分析：工具與應用》

在對市場進行徹底調查之後，是時候退出微觀並進入宏觀視野了。在這章，我會介紹如何將系統化的方法應用在第4章中進行的所有研究中，以提取關鍵發現。本章結束時，你會了解如何進行競品標竿、找出產業趨勢、並發掘你可能沒有考慮過的商業模式。我希望能幫助你表達對自己產品可行性的立場，並且有辦法提出前進的路線建議，也就是信念1，商業策略（圖5-1）。

圖 5-1
信念 1：商業策略

1 Babette E. Bensoussan and Craig S. Fleisher, Business and Competitive Analysis (London: Pearson Education, 2007).

電影製片的價值主張（下）

我們接續第三章未完的劇情，劇中的 Jaime 是 UX 策略師，在好萊塢外景場地與大牌電影製片 Paul 討論他之前提到的那個構想：為多金又忙碌的男士設計的購物網站，他正提到這個價值主張其實能同時解決他自己遇到的問題。

內景小屋一日

鏡頭裡只有 Jaime 和 Paul 兩人，Paul 充滿自信，Jaime 則顯得興味盎然。

Jaime

你知道這個產業有沒有其他競爭對手？有人已經在做了嗎？

Paul 甩了甩手，他似乎對他的想法顯得非常興奮。

Paul

我和我太太有看了一下，但是沒有發現什麼厲害的。

轉場至：

內景小屋一日

兩星期後 Jaime 又來了，Paul 盯著那本競品分析研究結果的摘要，看得出來他覺得莫名其妙，而且有點不大高興。

Jaime

從我的研究和分析資料中你可以看到市面上確實有幾個競爭對手，他們已經在市場投入可觀的資金，在實行你的構想了。

Paul

我倒是從來沒聽過這些公司，所以你認為和那些公司硬碰硬風險太大？

Jaime

嗯，我覺得應該針對你的目標顧客再多做點研究，了解一下他們如何解決目前購物的問題。

Paul

我早就認識一堆和我一樣討厭購物的人了。

Jaime

那不如讓我們對他們訪談一下，測試一下價值主張的差異性，你覺得怎麼樣？

Paul

我覺得可以先把網站做起來，然後看看狀況。

Jaime

你要不要仔細看一下市場研究找到的這些網站，了解它們如何運作。或是讓你太太看一看？我也有對電商商業模式的問題提出一些建議。

Paul

我還是覺得我的構想很不錯。

劇終。

Paul 顯然不是很高興看到這樣的市場分析結果，但他太太倒是高興的不得了。因為她意識到這個構想可能變成一個錢坑，所以很慶幸有其他人強力的意見能幫她的直覺背書。最後，電影製片 Paul 放棄了這個構想，回去繼續拍電影。我就沒再見過他了。

經驗分享

- 你必須質疑利害關係人和客戶對競爭對手的了解程度，且確保他們所提出的任何想法都有實證研究的支持。
- 分析結果應該同時建議替代方案，特別是如果最初產品構想和商業模式存在風險。畢竟，你的責任是要幫客戶把他們的夢想轉化為可執行的策略。
- 有時候，人們會堅持自己的想法，不管你做再多的調查研究，也不會改變他們的想法。這時候，策略專家將面臨個人的道德問題：我要無視於研究結果，幫這個人完成產品，還是一走了之？

分析是什麼？

為了對付 Paul，我需要陳述事實。我的簡報必須對他有意義，並幫助他了解他的產品在市場上的實際情況。如果向他展示競爭分析矩陣工具的原始資料，他就不會知道如何消化資訊、也可能會從資料中得出自己的結論。為了在一份文件中做到這些，我需要分析在第 4 章中所做的所有研究，然後將其分解比較小的可執行項目。在梳理不同來源的資料時，我們以一個團隊的視角，將重點聚焦在最合理的下一步，也就是在 Paul 的構想需要進行更多使用者研究，以驗證客群和問題（見第 3 章）。

因為你已在第 4 章中仔細探索了競爭對手，所以現在要來了解哪些作法可行、為什麼可行、以及產品在變動的市場中有哪些機會可利用。你的責任是仔細分析一切，對資料精挑細選，向團隊提出能創造價值創新的重要特點和機會（信念 2）。為了讓競爭變得無關緊要，你必須提出一些獨特之處，從根本上改善使用者當前的選項，這些要透過深入研究表單和分析原始資料來達到。一味增加功能並不能真正幫助顧客達到他們的主要目標。

你也不會希望分析結果只是一張競爭對手產品功能的對照表。像是「這是所有競爭對手啟用流程的設計方式」或是「所有競爭對手都有這些功能，我們應該也要有！」Steve Blank 寫過一篇「競品分析帶來死亡（Death by Competitive Analysis）」的批判文章[2]，認為討論「我的功能 vs. 別人的功能」絕對會帶領企業走向滅亡。

在所謂競爭情報（*Competitive Intelligence*, CI）的完整過程中，把資訊轉化成具有意義的情報其實只是其中一個步驟。「競爭情報是組織蒐集有關競爭對手和競爭環境資訊的過程，理想情況下，應將其應用於流程的規劃和決策中，以提高公司績效。CI 將訊號、事件、感受、和資料連結到與商業和競爭環境相關的模式和趨勢中。[3]」

進行競品分析的四個步驟

為了展示競品研究如何轉化為有意義的競爭情報，我們回頭看 2020 年為婚禮 Airbnb 做的競品研究，了解如何進行競爭分析。完成這個勞力密集過程後，我會分享如何記錄主要重點以建立競爭分析簡報，然後與電影製片人 Paul 等客戶分享。

只要遵循下列四個步驟即可，我會帶你全程演練一遍：

1. 掃描、略讀資訊，並用不同顏色把不同競爭對手的欄位標出來。
2. 建立邏輯分群，用來互相比較。
3. 用標竿方法和 SWOT 來比較每個競爭對手（這部分放在試算表最後一欄）。
4. 撰寫競品分析的成果摘要。

就是這麼簡單！按照這個順序做就可以完成。

2 Steve Blank, "Death by Competitive Analysis," Steve Blank, March 1, 2010, *https://oreil.ly/_SuIP*.

3 Babette E. Bensoussan and Craig S. Fleisher, Business and Competitive Analysis (London: Pearson Education, 2007).

這些步驟可以幫你把市場研究資料轉化為有意義的競爭情報。整個辛苦的過程完成之後，把主要的重點結論整理成競品分析研究結果摘要，並加上執行建議。

步驟 1：掃描、略讀資訊，並用不同顏色把最高和最低的欄位標出來

首先檢視試算表中的大量原始資料，讓你和團隊更容易消化這些資料。理想情況下，最好休息一下，再以全新的視角回到到資料中。在任何一種情況下，在進行分析之前，對所有行（競爭對手）和列（屬性）重新熟悉一下也不錯。

資料的掃描和略讀

我採用速讀的方法「略讀」和「掃描」來對資料做快速檢視，所謂略讀是指迅速地把文字看過去，以對內容大意有初步的了解，而掃描則是指快速地閱讀大量內容，並找出特定所需的資訊。我本身就常常在資料分析期間大量掃描和略讀，這麼做並不是因為草率或想省事，相反地，是要趕快了解手邊任務的難易度，確定試算表要做 5 行 × 5 列，還是 12 行 × 24 列且還缺一堆資料？針對資料內容的比重和完整性做個預估，才會知道要花多少時間完成。相信我，這很重要，因為你可能得在有限的時間內完成這件事，也避免只為了一行資料掉進分析的深淵而浪費寶貴的時間。舉例來說，假如你有二十組競爭對手的資料要分析，且必須在二十個小時完成，那麼，你分配給每位競爭對手的時間就是一小時。對於市場研究和資料分析，時間分配相當重要，因為你要有均衡的時間思考所有對手的資料，不能有盲點。

另外，注意一下看起來不完整或有所遺漏的地方。有沒有忽略了明顯的重要競爭對手？每月流量表現的欄位或下載 App 欄位還是空白？這些資訊可能是相當重要的，要是沒填好，之後在分析時就得停下來回頭繼續研究，是非常分心耗時的。

量測原始資料點

資料點是片段的資訊單位，任何單一事實或觀察皆是資料點。在我們的試算表中，每一列屬性都是一個資料點。在分析時，資料點可

以幫助我們進行比較和評估。資料點可以由量化資料 / 質化資料所組成。（見表 5-1）

量化資料是指數字或統計資料。像是網站獲得的流量是多少？網站產生多少交易量？網站上有多少品項？數字可以是指標、交易量 / 有限的選項。不同於質化資料，這些數字有自己的邏輯和順序。舉例來說，星巴克拿鐵咖啡的量化資料點可能是咖啡杯的大小、咖啡的溫度、咖啡的價格，或是咖啡師沖泡咖啡的時間。

質化資料則具有描述性和主觀性，形成有趣的脈絡，像是想法、反應、情緒、美感、物理特質等。星巴克拿鐵咖啡的質化資料是咖啡的味道、香氣、奶泡多少、星巴克環境營造的美感或服務等。

表 5-1 量化和質化資料的表格

量化資料	質化資料
數字（指標、資料）	描述性
可測量	可觀察，但不可量測
長度、面積、體積、速度、時間等	想法、反應、味道、外觀
客觀	主觀
有結構性	無結構性

我們也可以用一些方法來將質化資料點轉換為量化資料點，以進行更客觀的比較。如第 4 章所述，建議對競爭對手的啟發式評估進行評分，建立一套可辨識的評分系統。但是，也沒有必要轉換所有資料點，因為質化資料通常更全面。

標記顏色的樂趣

你可以用不同顏色在試算表上作標記，以便紀錄重要的資料點、趨勢、和其他特點，如圖 5-2 所示。舉例來說，用綠色來彰顯正面的屬性（例如，最高月流量的網站），用紅色彰顯最有正面的屬性（例如，最低月流量的網站）。記得保持畫面簡潔，並有效地使用顏色輔助。在表格建立的初步階段，太複雜的代碼不但沒什麼幫助，而且可能對同時在編修刪改的其他團隊成員造成混淆。因此顏色代碼應該謹慎運用，只用來強調重要的事情。

Monthly Traffic: 53.52k views	41 wedding venue listings in 5 states. 14 venues in Southern California. They seem focused on California.	Wedding venues	**Instagram:** 12.7k followers, last activity in August 2019
Monthly Traffic: 11.5 million views Category: Lifestyle > Weddings it is #1	Wedding venue listings in 50 states; 700+ venues in Los Angeles	Wedding planning tools Local vendors Wedding content	**Twitter:** 233k followers, numerous daily posts **Facebook:** 796k followers, active daily posts **Instagram:** 1.4m followers, actively daily posts **YouTube:** 18.9k followers, weekly videos **Pinterest:** 397k followers, active pin boards

圖 5-2
填色的格子代表顏色標記的特別屬性

步驟 2：建立邏輯分群，用來互相比較

有了對資料的整體印象後，現在要做些整理來讓分析流程更有效率。可以比較分析資料中網站和 App 的共通點，然後讓蘋果比蘋果、柳丁比柳丁、美食外送 App 比美食外送 App。因此，要手動分類列表中的競爭對手，把它們整理到符合比較邏輯的直接競品／間接競品子群組裡。例如，「婚禮 Airbnb」有幾個間接競品，他們提供相同的價值主張，也就是尋找短期活動場地（包括婚禮）的平台（像是 Splacer、Peerspace 和 VenueBook）。

以下是子群組的範例：

表 5-2　邏輯子群組範例

邏輯分群範例
桌機 v.s. 手機平台
內容類型（例如：電子商務、出版商、或聚合商）
水平市場（Craig's List、Amazon、eBay、Walmart 等）
垂直市場（服飾、健康照護、金融業等）
價值主張或商業模式

若除了直接或間接競爭對手外，看不到任何明顯的分群，你可以按照與價值主張的相關性進行排序。請記得，目標是要能簡單了解帶來競爭優勢的要素，要找出產品的共通性和差異性，讓你和團隊可以真正了解某些產品比其他產品更成功的原因。

步驟 3：用標竿方法和 SWOT 來比較每個競爭對手

標竿這個詞最早起源於測量師鑿刻在石碑上清晰可見的水平標記，以確保水平量尺將來能夠精確地重新被配置在相同的地方。這些標記通常在水平線之下，以清晰的箭頭標示，如圖 5-3 所示[4]。

4　"Benchmark (surveying)," Wikipedia, *https://oreil.ly/dQoDk*.

圖 5-3
英國國家地形測量局的一道測量刀痕。「BmEd」創用 CC 授權。

競品的標竿分析（Benchmarking，又稱基準化分析）在商業界協助企業組織鑑定和調查另一家公司、產品、或服務的屬性，以進行比較。這項分析讓成本降低、銷售漏斗優化以及產品競爭力提高，並讓產品帶來更多價值。在 UX 策略的脈絡下，要先在矩陣中將類似的競品進行比較，且在同一個屬性的基礎下進行分析。

試算表中每個欄位代表不同的屬性，欄位裡的內容是你蒐集的資料，像是資金、社群平台上的活動、或是關鍵使用情境的易用性評分。這些量化和質化的資料點讓你能進行評測、給分並判斷出 1）最佳和最差的 UX 案例、2）成功的商業模式、和 3）超厲害競爭優勢。

在做直接競爭對手的標竿比較時，要在他們產品中找到競爭對抗（Competitive Parity），找出定義基本標準的底線，那也是你提供價值主張時，顧客的基本期望。例如，在婚禮 Airbnb 的競品分析中，我對洛杉磯的可租用婚禮場地進行了標竿測試，包括 The Knot（700+）、Wedding Spot（700+）和 Here Comes the Guide（100+），因為這是一個關鍵指標。

但還是要分析深入一點。顧客希望在產品詳情頁面上看到照片、影片、透明的價格、和評論嗎？最紅的網站全部都有做到位嗎？還是成功有別的原因？最創新、創造最高下載率的平台／ App 擁有雄厚的資金做後盾，但卻沒有清晰的商業模式嗎？

如果對方有很大的市占率、能滿足你目標客群的需求、產品很好、有充足的資金能快速擴展，足以成為一個嚴重的威脅，那它就是競爭對手。

在做間接競爭對手的標竿比較時，要分析這些數位產品如何提供不同方法來解決問題。舉例來說，在婚禮 Airbnb 的競品分析中，我對專門搜尋婚禮場地的難度、以及場地是否合適進行了標竿測試。這些資料點很重要，因為如果婚禮 Airbnb 是要幫大家尋找場地，它會需要提供更多與婚禮活動相關的設施。

你要尋找趨勢、模式、缺口、和整體市場狀況。一般來說，你會注意到垂直市場裡出現許多一再重複的共通模式。也許你會納悶，為什麼那些點都沒人做得好，或發現它們都忽略了一項特別有用、可以運用在價值創新上的秘方（詳見第 6 章）。你可能會看到以前不明顯的挑戰。大部分失敗的網站是在內容、流量、個人化的設計上有缺失嗎？還是瀏覽或搜尋經驗不好？查清楚原因。透過競品標竿比較，從其他競爭對手優秀的 UX 或商業模式中，無論是創新或優化，你都有機會找到創造價值的機會點。試著把這些提煉出來的珍貴洞見寫成建議，放進摘要裡。

處理分析欄位

我們等到現在才開始進行競品分析矩陣的原因是在此之前，你必須盡可能蒐集跟你價值主張相關的整體競爭環境資料。現在，終於要來填寫分析欄位了。

SWOT 分析是一種常用的策略規劃工具，幫助我們了解公司在市場中的定位。SWOT 是「優勢、劣勢、機會、威脅」四個詞的首字母。分析的成果通常是以 2 x 2 矩陣呈現（見圖 5-4）。雖然它的起源仍有爭議，但大多認為由 1960 年代在 Stanford Research Institute 為美國公司分析資料的 Albert Humphrey 提出。

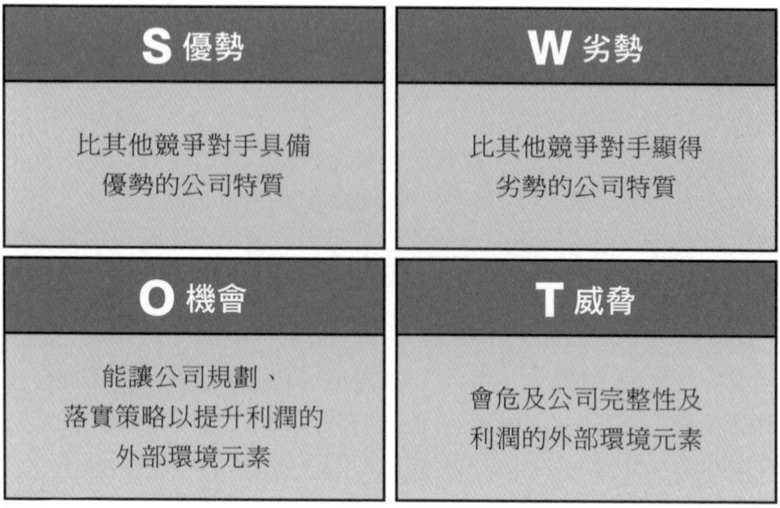

S 優勢	W 劣勢
比其他競爭對手具備優勢的公司特質	比其他競爭對手顯得劣勢的公司特質
O 機會	**T 威脅**
能讓公司規劃、落實策略以提升利潤的外部環境元素	會危及公司完整性及利潤的外部環境元素

圖 5-4

SWOT 分析

這個方法在概念上與第 2 章中提到的商業模式圖非常相似，因為它是一個自我評估框架，供利害關係人在做出商業策略的重大決策之前，可以一起腦力激盪。也就是說，對不存在的產品或商業模式進行 SWOT 分析會讓我們陷入虛假的境地。這就是為什麼從「競爭對手的觀點」來評估競爭對手更有意義的原因，這樣可以幫助你和團隊深入了解他們的市場定位，與你的價值主張相比在什麼位置。無論是自己做還是與團隊成員協作，這就是現在使用的方式。

接下來，要為每個競爭對手填寫分析欄位。先評估我們剛剛蒐集的所有資料點，一次做一行，尤其是顏色編碼為綠色和紅色的資料點。本欄需要包括利害關係人應該知道的所有重要內容，如果這就是他們閱讀的全部內容。我們希望涵蓋每個競爭對手的優勢、劣勢、他們利用的機會，以及是否有來自外部（像是政府規範）的潛在威脅。

SWOT Analysis from the Competitor's Perspective
WEDDING SPOT
Strength: Product features: The Spot Estimate feature increases price transparency. The side-by-side venue comparison feature simplifies the user experience in the initial venue research phase. By providing this price estimation tool to wedding planners, Wedding Spot builds trust between the platform and the users, and reduces the time spent on responding to undesired leads for venues. **Weakness:** User experience: Since Wedding Spot is a two-sided marketplace and does not have control over pricing, users will still need to reach out to venues to ask for final quotes based on their actual needs. This makes the pricing estimate not as useful. Branding: There is a lack of human touch in Wedding Spot's brand. The choice of website photos and the copies feel venue-centric but not user-centric. **Opportunity:** New user segment: Wedding Spot could leverage its wedding vendor resources to provide premium wedding venue packages to the customer segment who want professional wedding venue services without worrying about price surcharges. **Threat:** Regulation: Online advertising faces threats from intensifying regulations, and consumers are increasingly aware of the distinction between advertisement and organic search results, which challenges the company to prove the viability of their current business model.

圖 5-5

直接競爭對手分析範例（Wedding Spot）

要關注與使用者經驗和你的價值主張相關的洞見。對於間接競爭對手，可能只會分析產品或公司的一部分。例如，如果你正在經營傢俱網站，並將亞馬遜列為間接競爭對手，你應該分析亞馬遜的傢俱產品，而不是整個公司。

他們的優勢應該凸顯特別出色的部分。弱點應該說明目標顧客在解決方案上經驗不夠好的地方。對於婚禮 Airbnb 來說，其直接競爭對手（Wedding Spot）的 SWOT（圖 5-5）顯示，他們提供了大量婚禮場地列表，也有一套強大的機制，加入比較工具和透明定價供人搜尋平價的場地。

或者，如果查看 The Knot 的 SWOT（圖 5-6），他們提供一套全面的婚禮規劃工具，但你必須親自聯繫每個婚禮場地以取得報價，這讓過程非常耗時。The Knot 和 Wedding Spot 的一個機會是提供升級版套裝，但到目前為止他們還沒有這樣做。

SWOT Analysis from the Competitor's Perspective

THE KNOT

Strength:
Product features: The Knot provides a comprehensive wedding planning tool to help new couples, mainly new brides-to-be, navigate every step of wedding preparation. This capability is the defining factor that retains users. Out of convenience, users are incentivized to search for and hire wedding venues and vendors directly so information is automatically collected in one place. The Knot also allows users to chat with venues directly so communication is streamlined for tech-savvy users.
Business model: With the largest website traffic and a customer base ready to be advertised to, The Knot's advertising business model provides ample revenue for it to grow.

Weakness:
Underserved user segment: The Knot does not provide extensive customer service to wedding planners, and it does not have the option to hire a wedding manager. So choosing services from The Knot means having to manage every detail and coordinate all the vendors by oneself. This is not ideal for users who want a worry-free experience. Worse, each vendor, including wedding venues, need to be contacted for quotes.

Opportunity:
New user segment: The Knot could leverage its wedding vendor resources to provide premium wedding planning packages to the customer segment who want professional wedding planning services.

Threat:
Regulation: Online advertising faces threats from intensifying regulations, and consumers are increasingly aware of the distinction between advertisement and organic search results, which challenges the company to prove the viability of their current business model.

圖 5-6

間接競爭對手分析範例（The Knot）

作為主要收益流的線上廣告面臨的一個威脅是，由於隱私問題，越來越多的消費者不太願意點擊線上廣告。如你所見，競爭對手的優勢和機會是對我們價值主張的潛在威脅。同時，他們的弱點和威脅對我們來說可能是機會。

最後再整理一次競爭對手

此時，你應該會看到競爭對手之間的細微差別。你已經對屬性進行了標竿測試、確定了其中的優勢和劣勢，也能判斷哪些競爭對手有獨特的產品或只是紅海模仿者，更能看到競爭對手沒有做到的部分。正如作家兼教授 Richard Rumelt 所說，「策略也包括了組織沒做到的那些，甚至和做到的一樣重要。[5]」你正在掌握著各種不同的商業模式，也可以指出誰是第一名和第二名的競爭對手、誰的表現令人印象深刻，即使他們在市場競爭中比其他人落後很多。因此，在我們進入最後一步之前，要對試算表中的直接和間接競爭對手列表進行排名和重新排序，讓這兩個類別中最具威脅的競爭對手按第一、第二和第三的順序由上而下排列。

5 Richard Rumelt, Good Strategy Bad Strategy: The Difference and Why It Matters (New York: Crown Business, 2011).

這些分析欄位能對競爭對手進行簡潔而果斷的總結，也相當重要的，因為，如果團隊和利害關係人可以看到這些原始資料，他們可能不一定看全部的內容，但應該至少會看一下這個欄位。目標是將左側所有列中的所有重要內容提煉到此分析欄位中，然後將顏色換成題目的黃色。

步驟 4：撰寫競品分析研究結果摘要

試算表分析的最終目標是將所獲得的知識提煉成一份摘要或簡報，說明建議背後的理由。研究發現摘要是一份易於閱讀的競爭分析結論，包含對執行方向的建議，也是交付給客戶的成果產出。

不過，在開始撰寫研究發現摘要之前，先離開試算表一下，跳脫細節並努力思考整體重點。首先，你應該要能夠回答下列市場相關的問題：

- 哪些競爭對手的價值主張最接近？他們的產品成功嗎？失敗嗎？
- 哪些競爭對手直接受到你顧客族群（驗證過的人物誌）的喜愛？你的目標使用者喜歡什麼樣的特點、功能、或內容？
- 哪些產品提供最佳使用者經驗和商業模式？誰最獨特？

再來，你必須在摘要中傳達產品在市場是否有生存空間。有哪些現有的機會？能填補哪些缺口？或許市場研究及分析顯示出你非常幸運，中了所謂新創頭彩，或許你的產品擁有下列幾種特徵：

- 市場先驅者，且產品獨特。例如 Tinder 透過滑動手勢和地理位置過濾的簡短個人檔案改變線上交友體驗。
- 讓使用者更能節省時間／金錢。例如，Citymapper 使用開源的交通資料來顯示最佳交通選擇，無需開車即可在城市中導航。
- 同時替兩種顧客群創造了價值。像 Airbnb 同時為屋主和旅客創造價值。Eventbrite 同時為活動企劃者和參與者創造價值。

這就是我們在第二章談過的藍海。《藍海策略》[6]是由 W . Chan Kim 和 Renée Mauborgne 撰寫，提到在沒有對手的市場，競爭將變得沒什麼意義。藍海中的市場端充斥許多需求未獲滿足的顧客，而紅海的市場則充斥著相互爭奪食物的鯊魚群。撰寫摘要時，你必須要能夠精確指出產品的定位是在藍海、紅海還是居於兩者之間的紫海（像是圖 5-7 那張漂亮的圖）總之，你的目標在於判斷是否能夠成功，也要根據研究的成果來指出機會點。

圖 5-7
紫海

競爭分析簡報的形式有時是傳統的 A4 文字報告，但常常資訊過多，讓利害關係人不太想閱讀。這就是為什麼我偏好使用簡報形式，能讓策略師的敘述更加簡潔。簡報還可以先在遠距或實體會議中報告後再交付。

6 W. Chan Kim and Renée Mauborgne, Blue Ocean Strategy (Brighton, MA: Harvard Business School Press, 2005).

摘要怎麼寫？

根據這幾年的經驗，我有注意到一些分析摘要的主要組成部分。我將帶你走過一遍研究結果摘要的範例，讓你對內容有一些基本了解。如果是要在會議上發表的簡報，內容就要拆解成多張投影片、少一點字。

以下是大綱。首先，可以把每個段落的投影片主標做出來，這樣就有一個基本框架，再依序填上內容。

1. 標題（一張投影片）
2. 簡介（一張投影片）
3. 最具威脅的競爭對手（一張投影片）
4. 直接競爭對手（兩到三張投影片）
5. 間接競爭對手（兩到三張投影片）
6. 市場現況（一張投影片）
7. 機會和建議（一張投影片）

請記住，這只是展示發現的一個框架。應該根據與自身情況最相關的來建立內容。

投影片 1：標題

一張好的標題投影片包含的資訊量很精簡，類似於新創公司募資的影片。如圖 5-8 所示，也可以加入一張圖。以下是基本內容：

1. 產品名稱或占位符名稱
2. 標題「競品分析」或「線上市場競品分析」

Airbnb for Weddings
Competitive Analysis
November 2020
JaimeLevy.com

圖 5-8
競品分析摘要封面

3. 日期

4. 摘要作者，公司名稱／ Logo 或人名

投影片 2：簡介

簡介部分要說明摘要的目標，且要試圖吸引利害關係人抱持開放態度來 1) 閱讀和 2) 檢討，可能也要重寫很多次才能寫得好。千萬不要害怕先快速打個草稿，寫個大概，之後等其他資料放進來再回頭編輯修正。如果畫面上還有空間，想讓它更具視覺效果，可以在這裡加入一張驗證過的人物誌照片。

第 1 段：設置舞台

以圖 5-9 為參考，接下來會解構這第一段的內容。

[問題陳述] 。這就是為什麼 [初始價值主張] 的概念看起來像一段 [正面的形容詞] 價值主張。在 [某年某月]，[人名或公司名稱] 對 [某市場或部門] 進行了競爭分析，對象是幫 [目標客群] 尋照 [某解決方案] 的線上競爭對手。

一定要清楚說明問題陳述和初步價值主張，這樣才不致於混淆了你關注的事物。要註記月份和年份，因為這次分析的確只是此時的現況，在競爭環境不斷發展的同時，這些內容很快就會過時了。

第 2 段：對現有市場的一般性陳述

這部分要在競爭分析中確定當前的市場狀況，也就是市場的現狀。你可以寫「有很多提供使用者搜尋婚禮場地的線上競爭對手」，或是「婚宴產業分成這些核心群組…」，若研究試算表或商業模式時發現了特別的競爭對手，也可以稍加介紹一下。最後，列出所有的競爭對手，從直接競爭對手和間接競爭對手開始。也可以加入對邏輯競爭對手子群組的說明（如果有）。至少要列出研究過的所有競爭對手，並按直接和間接競爭對手進行細分。在這裡先不要寫主要發現和建議，要透過接下來投影片的各種證據來得出這些結論。

Introduction
Los Angeles brides-to-be have a difficult time finding affordable venues for their big wedding day. This is why the concept of "Airbnb for Weddings" seems like it may be a tantalizing value proposition. In November of 2020, JaimeLevy.com conducted an exhaustive competitive analysis of the wedding industry focused on online competitors who helped the brides-to-be find a variety of wedding planning and venue options.
The direct competitors, **Wedding Spot**, **Wedgewood Weddings**, and **Here Comes the Guide**, focus on exploring and booking wedding venues, while the indirect competitors serve as platforms for finding wedding vendors (**Yelp**), discovering short-term event spaces (**Peerspace**, **Splacer**, **VenueBook**), or providing wedding planning services (**The Knot**).

圖 5-9

競品分析摘要投影片的介紹頁

投影片 3：最具威脅性的競爭對手概覽

從這張投影片開始，要為你最後的建議給出充分的理由。這就是為什麼一定要仔細查看所有 SWOT 資料，廣泛思考機會在哪裡。

先說壞消息！在本章節中，無論是直接的還是間接的，都不應放超過兩至三個競爭對手。不要只將他們的價值主張複製貼上到投影片裡。試著寫一兩句話，抓住他們相對於你的價值主張的競爭優勢；這就是他們對你有威脅的原因。可能有很多方面：大筆資金、大規模市場採納、超創新的功能／成功的商業模式。因為所有這些資訊都應該在競爭分析的試算表中，所以你應該將這些資料做個摘要，放進這部分。

對於婚禮 Airbnb 而言，我選擇了兩個擁有最多流量、最高品牌知名度、和最佳婚禮場地搜尋功能的競爭對手（見圖 5-10）。

你可以把公司 Logo 或 App 圖示（如果所有競爭對手都是行動 App）放在說明上方或旁邊。不要在這裡放競爭對手的畫面截圖，因為這樣會使頁面顯得很亂，這些留到競爭對手的詳細資訊投影片再放。

Most Threatening Competitors Overview

WEDDING SPOT

Wedding Spot is the direct competitor that offers the most powerful discovery and comparison mechanism for wedding planners to easily search, price, and book wedding venues.

the knot

The Knot is an indirect competitor with the most name recognition. The platform features a well-crafted wedding-planning tool. It serves to incentivize users to conduct their venue search within the platforms's ecosystem of thousands of vendors.

圖 5-10

具威脅性的競爭對手概覽投影片

投影片 4a, b, c...：直接競爭對手詳細資料

接下來，我們要來詳細討論直接競爭對手。論點展現的方式則取決於如何能有效支持你摘要最後的建議而定。這些資料也應該都在競爭分析試算表中，主要在 SWOT 分析裡。從挑選最具威脅的競爭對手開始，並從威脅性最大到最小的順序排列。

對於每組競爭對手，列出以下細節，如圖 5-11 所示：

1. 標題／ Logo。
2. 價值主張。
3. 三項簡要優點；在試算表 SWOT 分析中標記為優勢的項目，或在 UX ／商業策略中的綠色編碼屬性。
4. 三項簡要缺點；在試算表 SWOT 分析中標記為弱勢的項目，或在 UX ／商業策略中的紅色編碼屬性。
5. 產品優缺的一到兩張畫面截圖；盡量用線段標註，指出你認為應該為解決方案考慮的功能或版面。如果競爭對手的任何弱點是可以運用的機會，也可以特別彰顯出來。
6. 至少有兩到三個相關的結構化資料點來顯示競爭標竿。以婚禮 Airbnb 來說，我納入以下資料點：資金、洛杉磯的房源數量、和月流量。在設計投影片時，試著把競爭對手相互排列／使用圖示，讓觀者可以輕鬆做比較。

以婚禮 Airbnb 來說，我也用單獨的投影片中討論每個直接競爭對手。每張投影片排版都相同。我選擇的三組直接競爭對手是 Wedding Spot、Here Comes the Guide、和 Wedgewood Wedding。

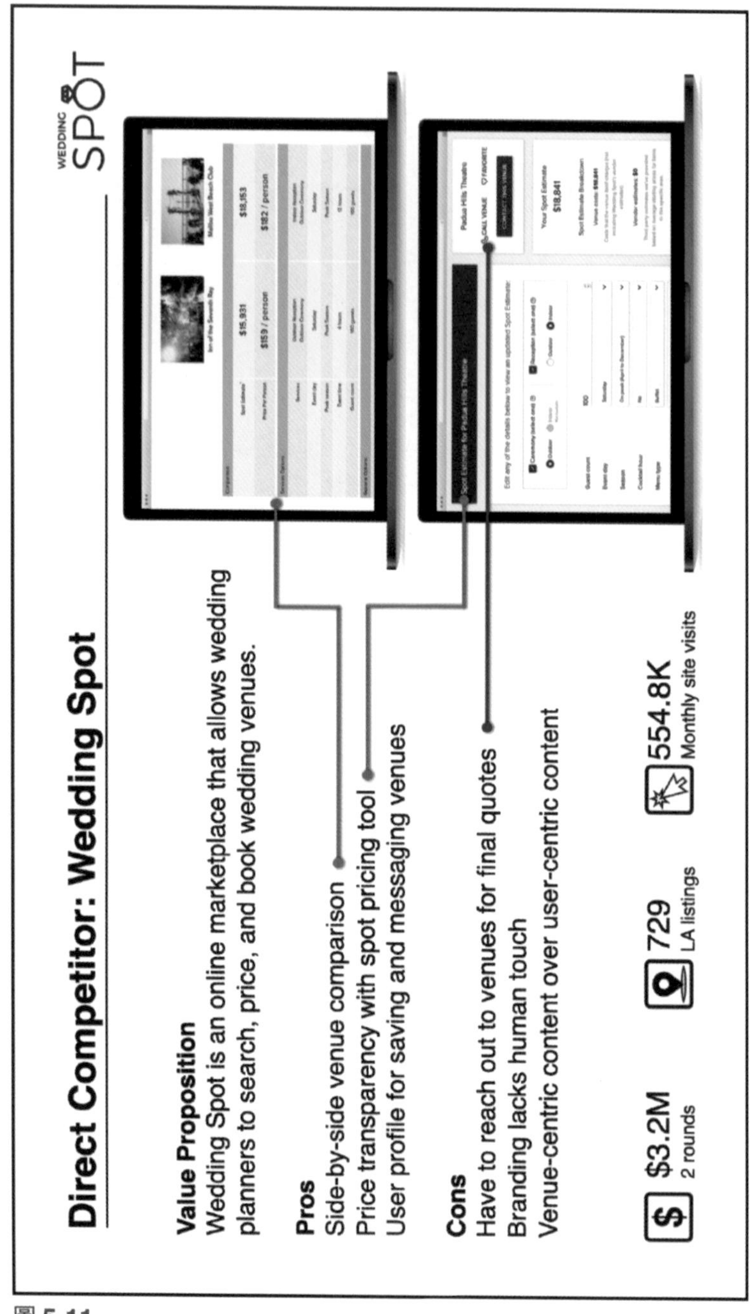

圖 5-11
直接競爭對手詳細資料投影片

投影片 5a, b, c...：直接競爭對手詳細資料

這部分要來說明我們從間接競爭中學到的東西。如果有很多，請使用邏輯群組來縮小範圍。（如果需要復習，請見本章中的第 2 步）目標是最多三張投影片，重點介紹這些產品滿足顧客需求的不同方式。

你可以使用直接競爭對手部分詳細資訊列表作為起點。但更重要的是，強調這些產品在跟你的價值主張相關之處哪裡具備優勢。因此，資金、品項、和流量等資料點可能無關緊要，特別是如果它是橫向市場或聚合器。展示這些競爭對手的畫面截圖和屬性，讓產品團隊了解他們，也能獲得啟發。

在這份摘要中，我使用了間接競爭對手的投影片來說明沒有滿足顧客需求的重要方面。正如之前所說，投影片的內容要回應摘要最後的建議。這就是為什麼我把 Yelp 自己單獨放一頁。我們的客群可能會先以 Yelp 作為尋找婚禮場地和其他相關商家的首選平台。圖 5-12 顯示如何指出弱點。當我們後面討論到建議時，你就會明白為什麼這麼做很重要。

接下來，我用一張投影片討論專做場地空間租賃的間接競爭對手：VenueBook、Peerspace 和 Splacer（見圖 5-13）。這些競爭對手都是類似 Airbnb 的雙邊市場商業模式，但有篩選婚宴類型的功能。在比較了搜尋、物件詳細資訊頁面，甚至是屋主的啟用體驗等重點功能之後，我就能指出這些產品中無痛的 UX 關鍵經驗。

正如之前提到的，如果沒辦法連續準備投影片內容，或在製作一張投影片時，發現需要回頭編輯其他投影片，都是很正常的。或者，如果要對最終提出的建議進行腦力激盪，也是我常做的事。

The Knot 成為一個重要的競爭對手，因為我發現只提供私人婚宴場地列表也不代表一定是平價的，畢竟有太多其他因素會讓總價提高。The Knot 的價值創新在於他們提供婚禮規劃和預算小工具。

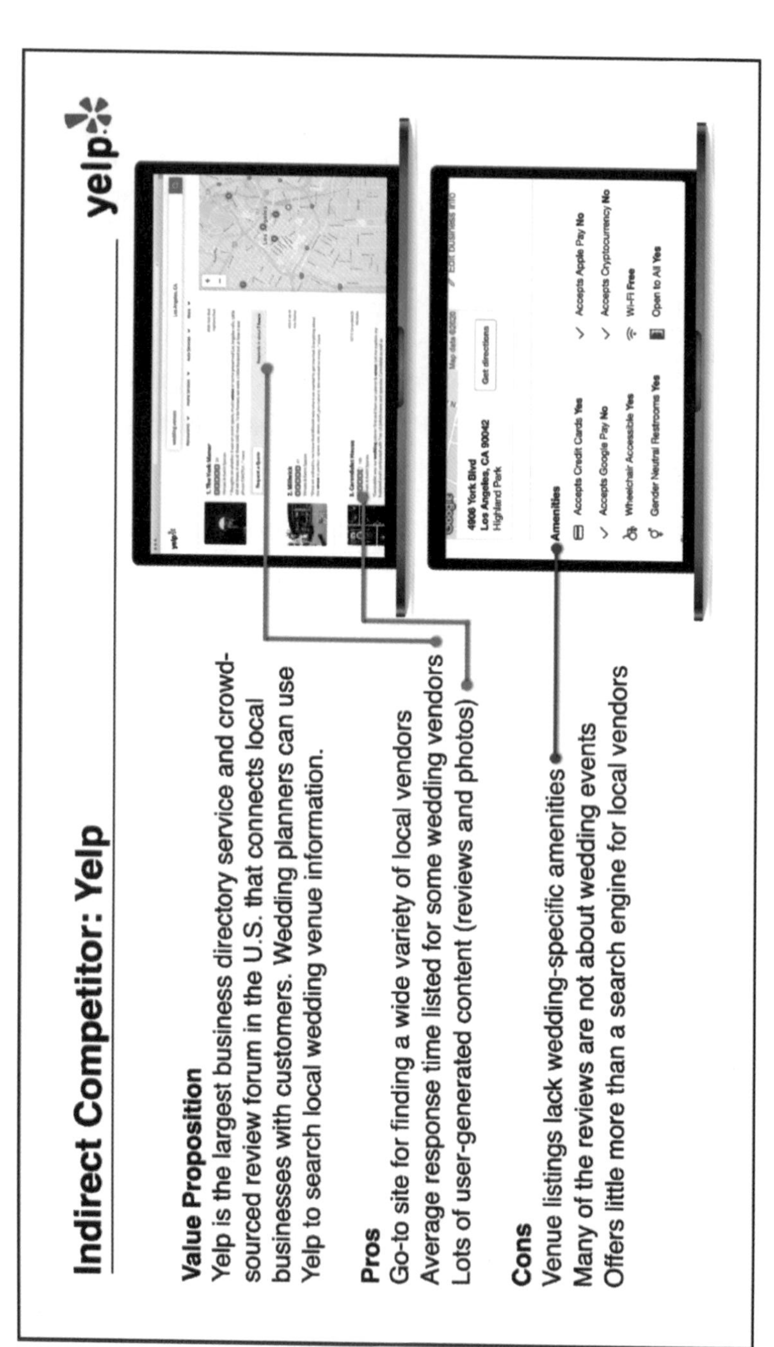

Indirect Competitor: Yelp
yelp
Value Proposition
Yelp is the largest business directory service and crowd-sourced review forum in the U.S. that connects local businesses with customers. Wedding planners can use Yelp to search local wedding venue information.
Pros
Go-to site for finding a wide variety of local vendors
Average response time listed for some wedding vendors
Lots of user-generated content (reviews and photos)
Cons
Venue listings lack wedding-specific amenities
Many of the reviews are not about wedding events
Offers little more than a search engine for local vendors
4906 York Blvd
Los Angeles, CA 90042
Highland Park
Get directions
Amenities
Accepts Credit Cards Yes
Accepts Google Pay No
Wheelchair Accessible Yes
Gender Neutral Restrooms Yes
Accepts Apple Pay No
Accepts Cryptocurrency No
Wi-Fi Free
Open to All Yes

圖 5-12

間接競爭對手詳細資料投影片（Yelp）

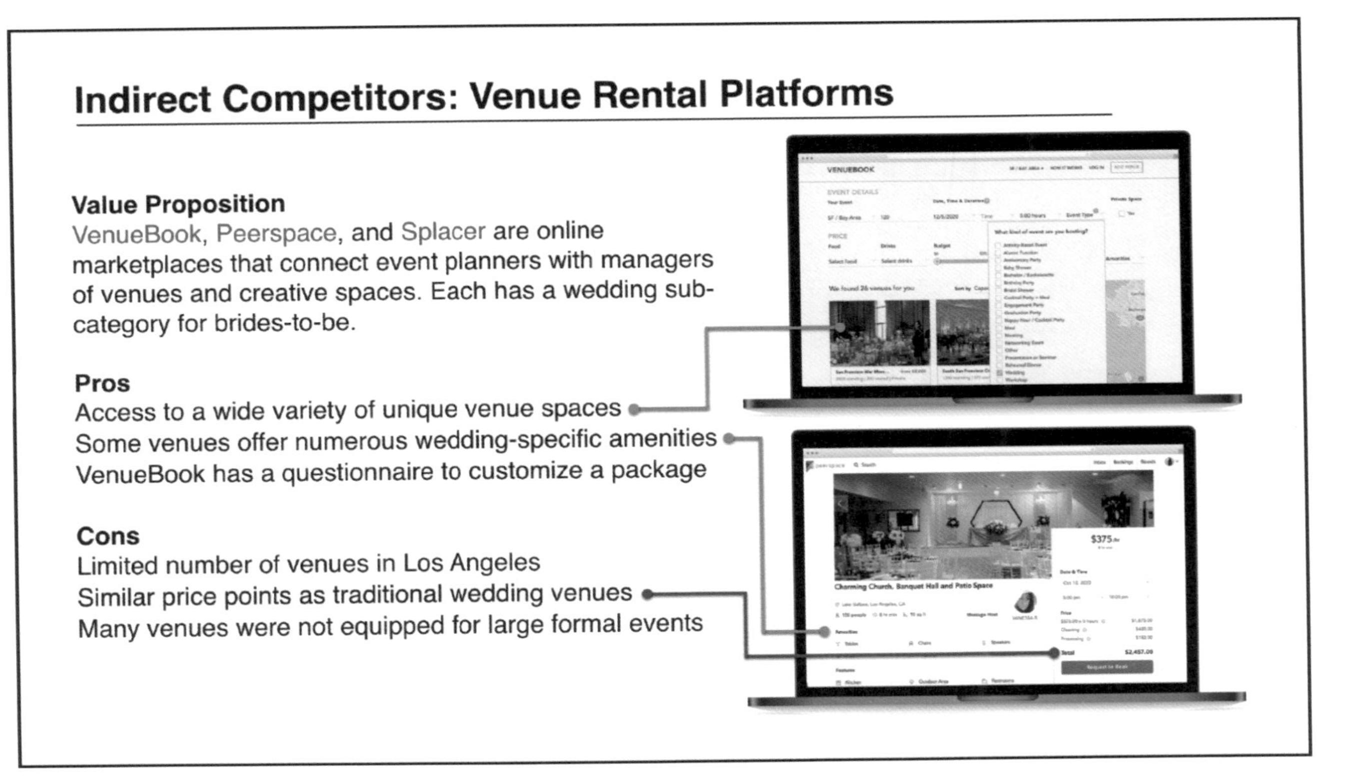

Indirect Competitors: Venue Rental Platforms
Value Proposition
VenueBook, Peerspace, and Splacer are online marketplaces that connect event planners with managers of venues and creative spaces. Each has a wedding sub-category for brides-to-be.
Pros
Access to a wide variety of unique venue spaces
Some venues offer numerous wedding-specific amenities
VenueBook has a questionnaire to customize a package
Cons
Limited number of venues in Los Angeles
Similar price points as traditional wedding venues
Many venues were not equipped for large formal events
VENUEBOOK
$375/hr
$2,457.09

圖 5-13

間接競爭對手詳細資料投影片（VenueBook、Peerspace、Splacer）

至此，我還沒有確定市場上未滿足的需求是什麼。所以我打電話給我大嫂，她最近和我哥哥剛辦完一場預算 12,000（美金）的婚禮。這是他們兩人的第二次婚姻，賓客不多，只有 60 人左右，新郎新娘都想在海邊舉行婚禮。我大嫂說，即使有像 The Knot 這樣完整的平台，她還是會陷在眼花撩亂的選擇中，無法完成預算規劃。她必須使用試算表自己解決所有的問題。

就在此時，婚禮 Airbnb 價值主張的構想終於得以具象化，如「機會和建議」投影片中（圖 5-16）所示。

當我在價值主張上搖擺不定，從「機會和建議」投影片往回推時，我發現如果朝著新方向前進，也許 The Knot 會是直接競爭對手（見圖 5-14）。但是為了講故事的目的，我把 The Knot 放到最後一張投影片裡，因為這是最重要的競爭對手，是一定要扳倒的大巨人。

結論揭曉！！！

結論是摘要中最重要的部分，需要由前面的所有投影片累積起來導出結論，就像 1 + 1 + 1 = 3 一樣。你需要清楚說明對機會空間的看法，並描述在這個未滿足需求的世界，產品團隊要怎麼透過創新的使用者經驗／商業模式來創造獨特的價值。要用簡潔、專業的方式傳達；試著把這部分拆成兩張投影片。

投影片 6：市場現況

這張投影片總結你對競爭環境的主要發現，以及背後的來龍去脈（見圖 5-15）。所在的市場是藍海、紅海、還是介於兩者之間？說明誰是最具威脅的直接或間接競爭對手，以及潛在顧客目前如何使用這些解決方案。記得要強調這些競品的主要缺點。市場到底值多少？可以在線上或在公開報告中找到相關產業購買力的統計資料。當然也有很多其他估算市場規模的方法。欲了解更多資訊，見 Forbes's 的文章〈How to Effectively Determine Your Market Size〉[7]。

7 Alejandro Cremades, "How to Effectively Determine Your Market Size," Forbes, September 23, 2018, *https://oreil.ly/nm8dF*.

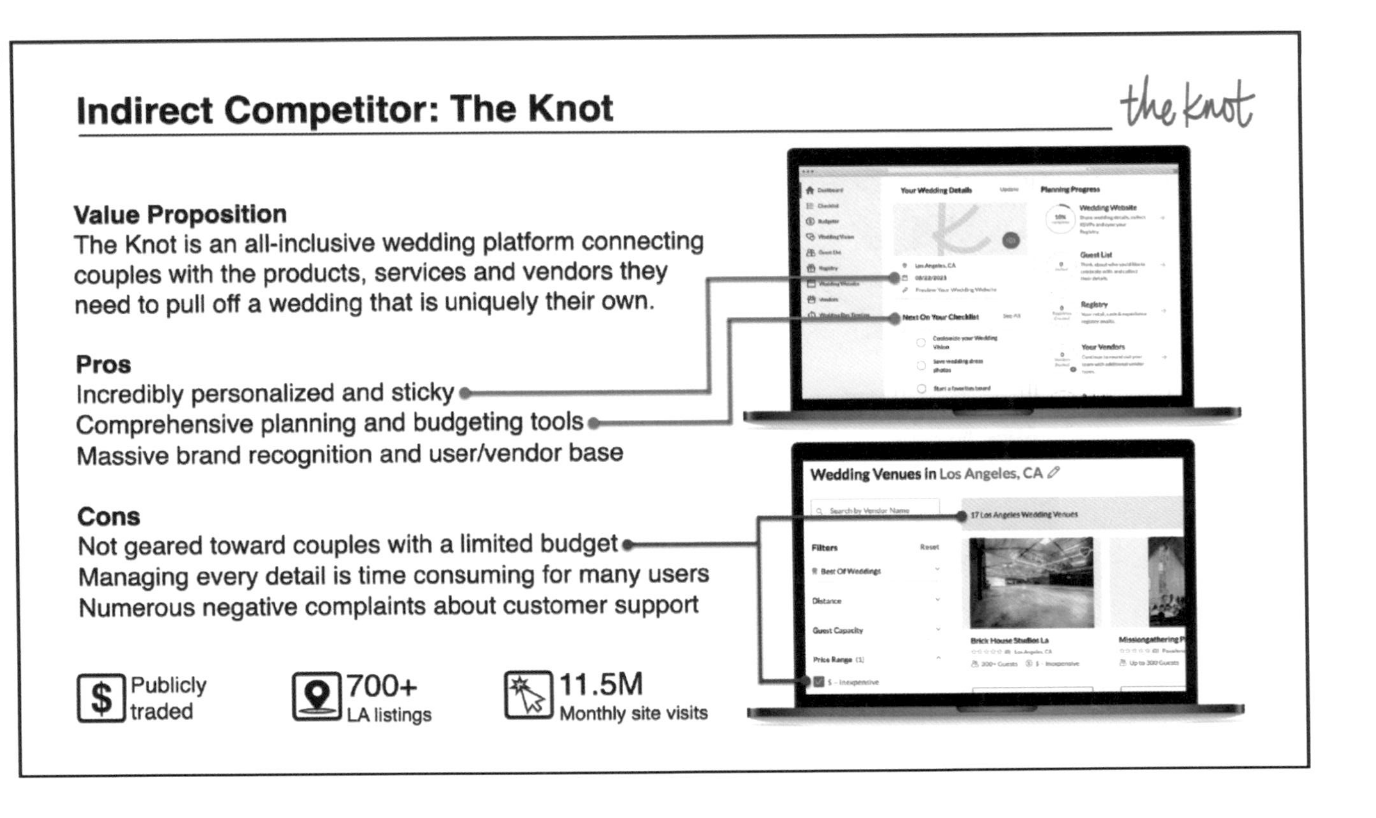

Indirect Competitor: The Knot
the knot
Value Proposition
The Knot is an all-inclusive wedding platform connecting couples with the products, services and vendors they need to pull off a wedding that is uniquely their own.
Pros
Incredibly personalized and sticky
Comprehensive planning and budgeting tools
Massive brand recognition and user/vendor base
Cons
Not geared toward couples with a limited budget
Managing every detail is time consuming for many users
Numerous negative complaints about customer support
Publicly traded
700+ LA listings
11.5M Monthly site visits
Wedding Venues in Los Angeles, CA

圖 5-14

間接競爭對手投影片（The Knot）

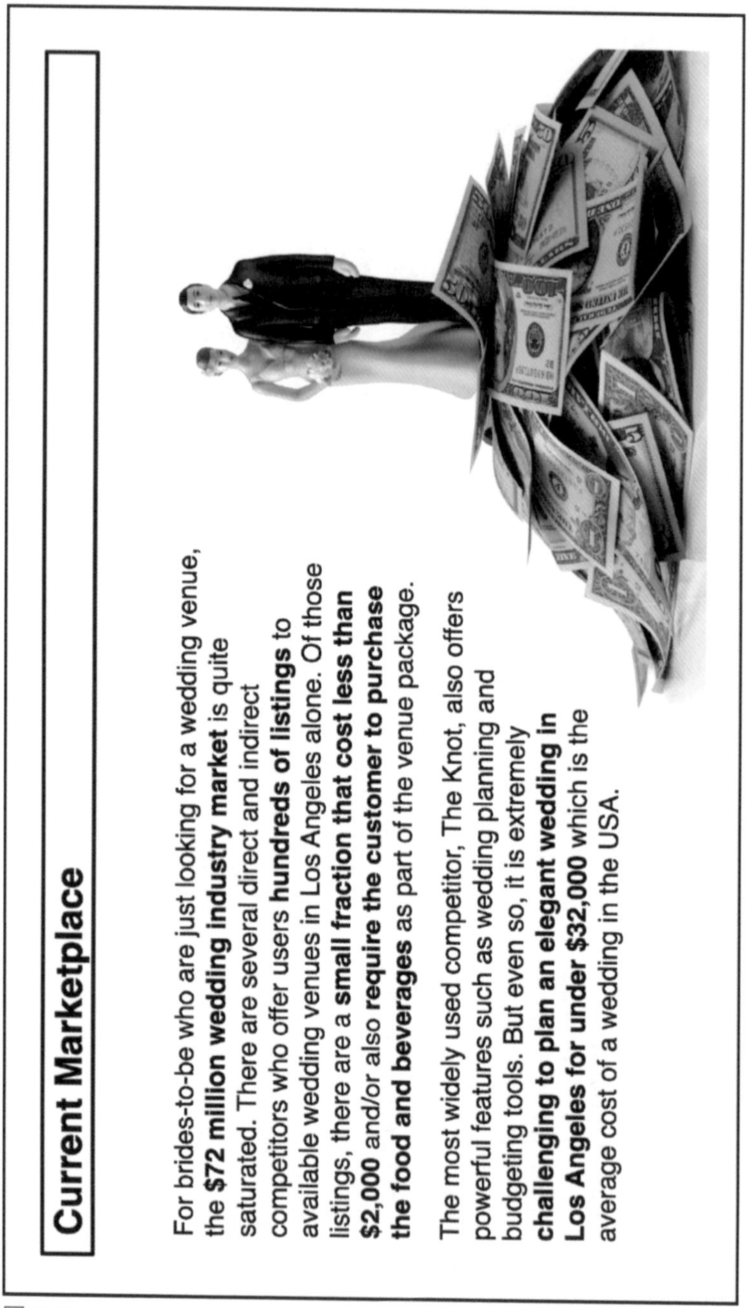

Current Marketplace

For brides-to-be who are just looking for a wedding venue, the **$72 million wedding industry market** is quite saturated. There are several direct and indirect competitors who offer users **hundreds of listings** to available wedding venues in Los Angeles alone. Of those listings, there are a **small fraction that cost less than $2,000** and/or also **require the customer to purchase the food and beverages** as part of the venue package.

The most widely used competitor, The Knot, also offers powerful features such as wedding planning and budgeting tools. But even so, it is extremely **challenging to plan an elegant wedding in Los Angeles for under $32,000** which is the average cost of a wedding in the USA.

圖 5-15

市場現況投影片

投影片 7：機會和建議

機會是使某些事成真的環境狀態。現在你要來規劃產品策略，把重點放在要首先製作成 MVP 或 Beta 版本以與目標顧客進行測試的部分（會在第 7 章討論這些）。如果你跟我一樣，發現市場是一片紅海，那就一定要證明初步願景的哪些面向仍然可以實現。總不能讓你的客戶無處可去。

找出產品必備的最重要功能，讓它與最具威脅的競爭對手區分開來，並改善所提供的體驗。也許直接跳到第 6 章，用故事板來思考要怎麼整合這些創新的功能。最後，提出對客群最有意義的潛在商業模式（見圖 5-16）。請務必說明，在現況市場動態下，為什麼這樣的商業模式是合乎邏輯的。

在發現婚禮場地租賃市場是一片紅海之後，我發現需要轉向真正能夠改善 The Knot 缺點的方向。有時人們會被選擇或太多功能的產品所淹沒。這就是為什麼連鎖餐廳 In-N-Out Burger 在美國如此成功的一個重要原因，因為他們的菜單簡單又平價。我認為，我們要服務的客群，應該是那些想要舉辦平價婚禮、需要精簡決策、低預算的人。至於我在投影片中提到的人工智慧和其他統包解決方案，我會在第 6 章中說明。

Opportunities and Recommendations
Initially, we thought that the option for a less-expensive backyard venue would be enough to bring down the total cost for wedding. However, there are numerous other factors such as food, alcohol, and decorations that create a decision-making landmine for budget conscious couples who prefer to have a more intimate wedding with a $10,000 budget.
What they need is a comprehensive wedding planning platform that guides them through all the hard decisions by offering them customized packages with lower-cost alternatives. It would leverage AI-powered budgeting tools and a recommendation engine to allocate their limited resources based on what is essential to them. Potentially, the best business model for this concept is a 1-year subscription plan for $199.

圖 5-16

機會和建議投影片

簡報與傳達重點

客戶常只是簡單瞄一眼試算表，然後對 UX 策略師說聲謝謝後就離開了。因此，把試算表原始資料附錄上去，讓他們需要或有空時可以參考。建議下載 Google 試算表的 Excel 版本，以便客戶能夠在離線狀態閱讀，或在沒有雲端連結的情況下和其他人分享。如果希望持續編輯或變成協作編輯，就提供雲端連結給客戶。

表明立場

身為策略師，你必須對產品可行性表達立場。有時候會像電影製片 Paul 的狀況那樣，你提出的建議可能都不中聽，但事實真的就是如此。但是，進行研究和分析資料的原因就是為了了解產品真正的潛力，這樣無論客戶反應為何，都能提出有深度的行動建議。

或許你發現客戶最初的願景正面臨極大的挑戰，也知道有較佳的產品替代方案，但你還是要完整分析資料，並提出可靠證據，說明這些看法。

如果分析結果支持價值主張，那麼你的建議應該要提到有哪些使用者經驗設計和商業模式的手法，可以運用在這個市場的機會和需求上。而這些建議也要能回答以下問題：

- 是否可以對特定功能進行大改造，或整合新技術來幫助顧客完成現有方式仍太過複雜或耗時的事情？
- 怎樣能使產品使用經驗更個人化，或更「智慧」，讓人更容易接納、黏著度更高？
- 是否有新收益流或破壞性商業模式可以用來測試？
- 怎樣達成競爭對手無法輕易複製的競爭優勢？
- 如果建議做手機 App 而不是響應式網站，那麼放棄自然流量、要求顧客下載一個 App 的理由是什麼？

若分析結果揭露價值主張正面臨著一些風險，你就要建議客戶修正目標客群或問題，讓團隊或利害關係人願意發展不一樣版本的價值主張／商業模式。因此，你可以點出以下這些情境：

- 做這個嘗試很昂貴嗎？能否藉由 MVP（最小可行性產品）的快速原型測試來降低風險？（見第 7 章和第 8 章）
- 你有用不同角度思考利害關係人願景裡其他的可能嗎？或建議團隊針對顧客或問題軸轉調整嗎？（見第 3 章和第 8 章）
- 需要進行更多研究來更了解價值主張是否確實可行嗎？例如進行使用者研究（見第 8 章），或登陸頁面的 A/B 測試？（見第 9 章）

你現在來到競品分析研究結果摘要的最後，且十分了解產品正面臨的市場現況了：

- 如果身處紅海，你要問：我為什麼要在飽和的市場開發產品？最好回到前面的章節重新評估客群、問題痛點、或競爭環境。
- 如果身處紫海或是藍海，請接續第 6 章。你在機會的開端，快去把創新產品做出來吧！現在，你需要開始規劃能夠好好利用這個機會的使用者經驗。

即使在進行了深入的研究和分析之後，做出艱難的決策還是很有壓力的。如果資料中存在矛盾或歧義，可能就要請直覺出來發揮作用。正如 Mintzberg 在《明茲伯格策略管理》一書中所說的：「決策其實不那麼理性，瞎忙變得理性。[8]」

8 Henry Mintzberg, Bruce Ahlstrand and Joseph Lampel, Strategy Safari: A Guided Tour Through the Wilds of Strategic Management (New York, Free Press,1998).

本章回顧

產品策略不僅需要以公司的商業目標和組織能力為基礎，還需要具備對市場環境的全面理解。本章中，你學到如何對市場進行競品分析、資料整合，來找出設計的模式以及潛在商業模式。一份好的分析能揭露缺口和機會，有助於對產品策略做出正確的判斷。了解未知的事物能避免團隊重蹈覆轍，並把好的構想琢磨地更完善。

在第 6 章，你將運用前幾章學到的內容，透過 UX 和商業模式的差異化和創新，創造新的價值。

[6]

用故事板思考價值創新

超越現有市場的需求是達到價值創新的重要關鍵[1]。

— W. CHAN KIM與RENÉE MAUBORGNE《藍海策略》

如果打造獨特的產品是你的目標，那麼，你必須找到能夠讓產品無可取代的優勢，這意味著需要仔細琢磨在前幾章中發現的機會。你必須將信念 2：價值創新，與信念 4：無痛 UX 相互融合（見圖 6-1）。

如果你是老練的設計高手，那麼請了解這章並不是討論設計細節或產出漂亮的視覺，而是如何運用設計訣竅來幫助團隊精確地找出並放大產品潛在的價值創新，讓你加速思考，直達產品最終價值主張。

圖 6-1
信念 2 和信念 4：價值創新和無痛 UX

1 W. Chan Kim and Renée Mauborgne, Blue Ocean Strategy (Brighton, MA: Harvard Business School Press, 2005).

時機比什麼都來的重要

1990 年，我在紐約大學互動電子傳播所寫碩士論文時，我將軟體設計結合實驗性藝術與音樂，製作了互動式動畫。這個科技與藝術融合的動畫片壓在一張 800 KB 的磁碟片上，用 HyperCard 和 VideoWorks 編寫而成，在 Mac 系統上運行。裡面的互動目錄可連結到互動的詩、遊戲和搭上工業感音效的配樂。經過不眠不休的挑燈夜戰，我終於做出當時世界第一款電子動畫雜誌，可看可玩，全部裝在一張磁碟片中！它叫 Cyber Rag #1（如圖 6-2 所示）。

圖 6-2
磁碟片中的電子雜誌
Cyber Rag（1990 年）

當然，那時市面上還是有些競爭對手。舉例來說，有科技導向的 HyperCard 靜態讀物，還有要從 BBS 下載並用 Commodore Amiga 電腦跑的小眾互動式藝術磁碟片。但是，可以確定當時並沒有像是 Cyber Rag 這樣的數位產品，我看到了這個千載難逢的機會，能把數位內容做得更主流，放在 Mac 可讀的磁碟片上，讓大眾更容易取得。

然而，創造獨一無二的電子雜誌是一回事，推廣並讓大眾認同它的獨創性、進而願意購買又是另一回事。這與第 3 章很像，年輕的我必須先弄清楚顧客是誰。後來我了解到，90 年代的宅宅才不會從 BBS 上下載免費雜誌，畢竟那時連我自己都（還）沒有數據機可以上網。我發現，Cyber Rag #1 不只是新時代電子出版媒體的一環，更與 X 世代獨立出版流行文化的那種 DIY 態度相契合，只是他們還沒數位化而已。其實我得想辦法接觸那些出沒在獨立書店和唱片行的 X 世代同好們，也就是說，除了製作實體產品之外，我還得處理包裝、行銷和發行。

20 多歲的我，週末都用來拷貝幾百片 Cyber Rag 的磁碟片。自己黏上標籤、包裝、封口，然後帶到紐約和洛杉磯的獨立書店，試著把東西賣出去。店家一概表現出疑惑的反應，因為當時他們對我的價值主張根本毫無概念，有些店甚至沒有 Mac 電腦可以觀看產品的內容，也無從得知這些會不會是空白片、壞片或根本只是 A 片。我後來發現，最好的方式是一開始就直接向店長解說產品，才能減輕他們對於銷售不熟悉產品的疑慮。

還好，我的磁碟片賣得蠻好的，顧客都很好奇，且願意花六美金買個第一次用螢幕閱讀電子雜誌的體驗。通常，在產品成功進入店家的一個月內，我就會接到店家打電話來追加訂貨。我在媒體間小有名氣之後，產品銷量開始超過上千片（Cyber Rag #1、#2、#3 和 Electronic Hollywood I 和 II），大家可以在獨立書店、藝廊、或郵購買到，還賣到了全球各地。當時我沒有所謂的商業模式，只是繼續出版產品，直到「好事」降臨。

後來果真有「好事」發生了，過了兩年，我下班回到家，發現電話答錄機有一通留言。

「Jaime 你好！我是 EMI 音樂的 Henry。我代表 Billy Idol 先生打電話給您，Idol 先生看過您的數位雜誌，因此想邀請您一起合作新的企劃。方便請你們團隊與我們聯絡，安排見面聊嗎？謝謝。」

我既興奮又困惑。「我們團隊」是指誰啊？是要我媽回電嗎？

當然我媽沒打，我打給了他，並接了這個工作。

1993 年，EMI 發行 Billy Idol 的新專輯光碟 Cyberpunk，特別版包裝還附贈特製的磁碟片，如圖 6-3。

圖 6-3

Billy Idol 附贈磁碟片的 Cyberpunk 專輯（1993）

互動式新聞資料包（IPK）以商業形式發行可說是破天荒第一次。基本上，這片磁碟是我軟體的客製版，就像 Macromedia Director 中的「另存新檔」一樣，讓我的創新又上升了一個等級。我很開心，以為這條路能成為我的事業，開始以介面設計和數位出版維生，然後大衛鮑伊、麥可傑克森和其他明星發專輯時都會找我製作客製化雜誌。從早期採用者到整個世界都終於會懂這個數位出版工具有多酷。這片海看起來真是有夠藍！

不幸的是，一切沒有如我所願。當然，我成功創造了一個新的數位媒體，也找到屬於它的藍海，更將它推向兩種不同的客群（獨立書店的顧客和搖滾音樂人），並大受歡迎。然而，事實是，Billy Idol（圖 6-4）當時已不再走紅，他被大肆抨擊，說他的新專輯在裝模作樣、蹭網路文化的熱度。他的新歌在 MTV 和電台的反應都很差，專輯銷售情況不盡人意，連包裝也有大問題。精裝的彩色封套體積太大，比一般 CD 包裝大了將近三倍，影響了唱片行庫存意願。看來 Billy Idol 的專輯 Cyberpunk 並沒有找到正確的產品 / 市場「適配」。

再也沒有人找我製作互動式新聞材料包或客製化磁碟。但我也確實學到了寶貴的經驗。

圖 6-4

Billy Idol 與 Cyberpunk 磁碟片裡的介面合影（Ed Bailey/AP/Shutterstock）

經驗分享

- 時機就是一切。即使你以破壞性創新產品領先進入市場，也不保證一定會成功。就拿電子出版品來說，數位媒體確實應該以數位方式發行，但是在 1993 年卻是不可能的事，那時，第一個網頁瀏覽器才正在開發階段。
- 整體的脈絡是關鍵。我自己的磁碟雜誌並不只是因為新科技而吸引顧客購買，也是因為雜誌的內容是以反矽谷的吶喊和偷窺昂貴的科技展作為特點，這些內容是與我價值創新共生的一部分。而 Billy Idol 的專輯行銷內容只是讓人覺得是個噱頭。
- 建立成功的數位產品要考慮很多面向。開發只是有趣的一小部分，你還需要顧及產品的永續性、可擴展性、廣泛發行、收益流、以及一整個團隊。

探索價值創新的方法

在前一章已經說明，團隊可以透過競品研究來了解市場裡已有哪些跟你價值主張類似的數位產品或服務。但我們也知道，研究並不是用來幫你複製別人的產品或稍微做改良而已，你要用卓越的發明來創造新的價值。

要發展出具持久性和市場性的產品，在 UX 策略上，要兼顧商業目標和使用者價值。就算你創造的電子雜誌、網站並非世界首創，你的產品還是要有獨特的地方，以不同於以往的新方式來吸引顧客。要讓顧客有意願選擇你的解決方案，因為你的產品 1）明顯比其他產品更有效率，2）解決了顧客未知的痛點，3）創造出確實存在的需求，而這個需求過去尚未被發現。基本上，你要將價值創新運用在無競爭的藍海市場，放大產品的價值。

你的價值主張產生的價值創新能自然展現產品獨一無二的特點。所謂的特點是指產品讓使用者受益的獨到之處。大多數情況下，功能愈少，價值愈高。依我多年來在科技界的觀察，以下是四個創造重要價值創新模式的「秘方」:

- 結合競爭對手產品的功能，並經過不斷提升改進，把這個混合產品的功能變得比現有類似產品更好（Google 地圖＋官方主要城市大眾運輸 App ＝ Citymapper）。
- 從現有大型平台的價值主張「切一小塊」，或做些小修改成為自己的特點（Google 地圖＋群眾外包＝ Waze）。
- 將本來迥然不同的使用者經驗和技術整合為一個優雅、簡單和強大的解決方案。成為使用者任務的一站式服務點（直播影片串流＋線上社群＋遊戲＝ Twitch）。
- 將兩種具有明顯區別的使用者族群湊在一起，產生某種過去不容易達成的協議，徹底改變這些使用者的世界（屋主＋旅客＝ Airbnb）。

如你所見，這些模式並非在複製現有產品，而是站在現有設計做法的肩膀上，將產品更進一步。好的點子總是出現在意料之外、非預期之處，等待你像獵人搜捕獵物一樣，仔細地追蹤網路世界的一舉一動來發掘。

「盜獵」的傳統定義為非法獵捕、獵殺或捕捉野生動物，通常涉及土地使用權[2]。完全複製現有產品也是非法的專利／商標侵權。例如，Tinder 向 Bumble（一款類似的交友 App）提告其左右滑和雙方選擇的流程設計等侵犯專利[3]。

然而，盜用一些運用一般手法來解決常見問題的特點和互動模式並沒什麼不合法的。要從不同的地方借用其他產品的核心內涵，然後在一個全新的環境整併結合、達到價值創新。

接下來我們要學學以下四種技巧：

- 找出關鍵經驗
- 利用 UX 影響者
- 進行特點比較
- 用故事板思考價值創新

請注意，這些比較像是促進個人成長或提升團隊能力的技巧，未必能作為專案產出。

找出關鍵特點

關鍵經驗是展現價值創新的獨特優勢。這是產品要有競爭優勢一定要具備的，它能定義經驗，讓你的產品與眾不同。它可能是一套商業模式（例如，Metromile 的按里程計費模式），一個關鍵特點可能是特點非常特殊的排列組合，或一個很重要的能力。

2 "Poaching," Wikipedia, *https://oreil.ly/kWgoS*

3 Andrew Liptak, "Tinder's Parent Company Is Suing Bumble for Patent Infringement." The Verge, March 18, 2018, *https://oreil.ly/sSTZ0*.

我們要努力思考從顧客訪談（第 3 章）和競爭分析（第 5 章）中學到的東西。想要找出構想裡的關鍵經驗，可以問自己下列問題：

- 是什麼能讓你暫時性人物誌（假想顧客）裡的使用者喜愛這個產品？
- 使用者旅程中哪個時刻、哪一段展現出產品的獨特性？
- 你正在嘗試解決哪些競爭對手目前還沒有解決的主要痛點？
- 潛在顧客目前怎麼將就使用既有產品，以達成目標？
- 顧客從你的演算法 / 資料的取得或運用中，獲得的核心效益是什麼？
- 哪些功能或頁面 / 畫面需要重新設計，因為目前沒有其他數位產品可參考？

你的回答或許剛好就能引出這些關鍵經驗，並接著透過無痛 UX 設計來完整實現！

不過，小心別把關鍵經驗與根據各種商業需求生出的完整功能表搞混。在產品的 1.0 完整版中，重要的是涵蓋幫助使用者完成目標所需的所有功能。如圖 6-5 所示，第 2 項功能是整合式支付系統。雖然讓使用者用信用卡付款是一項重要的商業需求，但這並不是彰顯價值主張的關鍵特點。

Airbnb for Weddings – Feature List

#	Feature Name	Functionality Details
1	Search Venue Listings	Ability to do a search query of city or zipcode + ideal date(s) + guest count and get back a result set of relevant venue listings.
2	Payment System	Integration with an established online payment system to allow users to pay for both subscriptions and wedding packages using all major credit cards and PayPal.
3	Photo Gallery	Ability for venue managers to post up to 16 photos of their venue and also for users to be able to browse the photos by swiping/clicking arrows and enlarge individual photos to full screen.
4	FAQ & Ask Center	Area for users to read frequently asked questions and post a question if they can not find the answer.
5	Chatbot	A text chatbot that is globally accessible to the users for answering common questions using artificial intelligence (AI).
6	Registration / Create Account	Ability for users and vendors to quickly create an account with just an email address (to be verified) and password.
7	Real-time Alerts	Notification system for alerting users and vendors about upcoming tasks or confirmations.

圖 6-5

婚禮 Airbnb 1.0 的部分功能列表

舉 Twitter 為例子，想想整個平台具備的功能，像是發送訊息、新聞消息、轉推等，但它的關鍵經驗其實是 Dan Saffer 在《微互動》一書中提到的「那一個互動：發送 140 字上限的訊息。[4]」這種簡單又短暫的方式顯然影響了 App，例如 Instagram 和 Snapchat。

因此，如果我們以這種方式思考關鍵特點，就能提出更短的描述性列表。在婚禮 Airbnb 的競爭研究中，我們了解到目標顧客的一個主要痛點是整理搜尋到的商家資料。婚禮應是一次性事件，因此，這對準新人的學習曲線過於陡峭。The Knot 的預算規劃師功能就是要解決這個問題。但是，使用者要自己查詢比較超過 50 個項目（蛋糕、伴娘禮物、拍照區等），雖然該工具有對每項做說明，但並未提供降低成本的替代方案。這讓人更難堅守 30,000 美金的預算底線。

缺乏平價的選擇、缺乏針對應優先考慮的基本項目給出建議，會讓人做了很多功課，卻還是瞎忙一場。如果沒有先釐清可調整的空間和個人預期成本，整個預算可能會偏離軌道。這種用運用工智慧和低成本替代方案來降低成本的差異化，就是關鍵特點需要表達的（如圖 6-6 所示）。

4 Dan Saffer, Microinteractions (Sebastopol, CA: O'Reilly, 2013).

Airbnb for Weddings – Key Features
1. A result set of options showing affordable yet amazing wedding venues 2. An AI-powered engine that guides the customer seamlessly through wedding preference decision points and then outputs customized wedding packages along with low-cost alternatives 3. A coordination system that helps the customers execute the wedding plan with timely reminders for tracking vendors and activities

圖 6-6
婚禮 Airbnb 的關鍵特點

如果功能無限蔓延，無痛 UX 就不會發生。我們要更好，不要更多！

如你所見，這是非常必要的結果。你要盡力將團隊和資源集中在產品不可或缺的優勢上。採取極簡的「少即是多」路線，也更有勇氣。

利用 UX 影響者

簡而言之，UX 影響者是某些功能對你的價值主張很有幫助的產品。UX 影響者甚至不需要成為競爭對手；他們的價值主張可能與你毫無關係。但是，他們的使用者經驗和功能可以為你產品的價值創新提供洞見，只要你能跳脫框架，用創新的方式思考。還記得四個價值創新模式中的一項嗎？就是要混合和搭配完全不同的功能特點，有時候，把一些看似不合的事物拼湊起來，搞不好會帶來驚人的破壞威力。你只需要大膽一試，調整非競爭對手的產品或服務，來滿足你的需求。

我在 Metromile 中獲得了靈感，Metromile 是第 1 章和第 2 章中提到的保險公司。該公司與婚禮 Airbnb 的價值主張完全無關，但它理賠申請過程的 UX 非常厲害。

Metromile 的 UX 創新在於他們如何引導顧客申請車禍理賠。這是一個複雜且充滿各種情緒起伏的過程，變動性也很大，因此成為我們 AI 引導婚禮策劃體驗的靈感來源。

第一步是檢視使用者經歷理賠漏斗的流程來解構 Metromile 的理賠流程。我們想看他們心智模型的哪些方面，與我們引導顧客走過決策點的關鍵特徵相似。以下展示一部分畫面，讓你大致了解他們的流程和設計。以下是圖中描述的步驟：

1. 畫面 1（見圖 6-7）顯示第一個步驟，顧客選擇剛剛發生的事故類型。

2. 畫面 2（見圖 6-8）顯示需要取得的詳細資訊類型。

3. 畫面 3（見圖 6-9）顯示顧客的地理位置，讓他們定位事故的確切位置。

4. 畫面 4（見圖 6-10）顯示顧客如何指出損壞發生的位置。

5. 畫面 5（見圖 6-11）顯示視覺說明，提示顧客正確拍攝車體損壞的照片。

6. 畫面 6（見圖 6-12）以顧客偏好維修位置，顯示可選擇的維修廠列表。

7. 畫面 7（見圖 6-13）顯示給付資訊和詳細的租車選項。

8. 畫面 8（見圖 6-14）顯示預約維修的確認頁面，並詢問顧客是否要從維修廠取車。

資料的結構和呈現方式說明了人 AI 驅動的漏斗如何從使用者無法使用汽車到獲得租賃服務，簡化整個過程。

請見圖 6-7 到 6-14 的畫面流程，了解 Metromile 價值創新的實際應用！

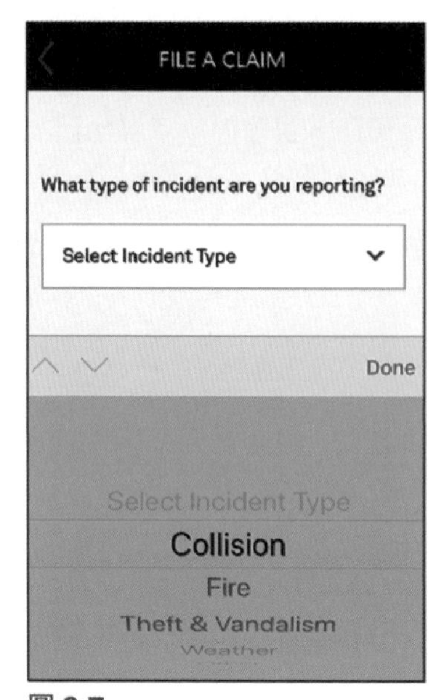

圖 6-7

選擇意外類型

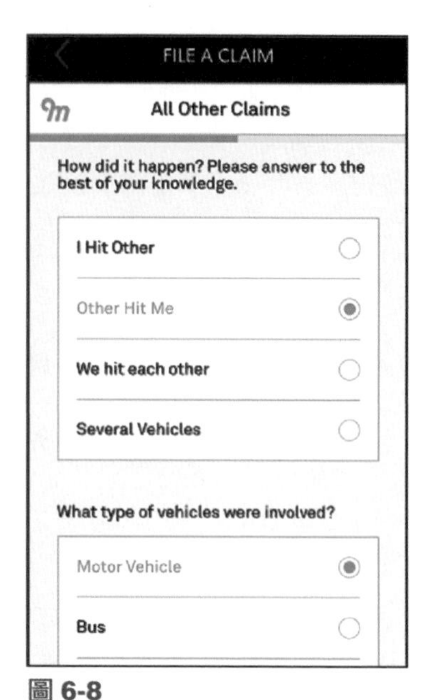

圖 6-8

選擇重要細節

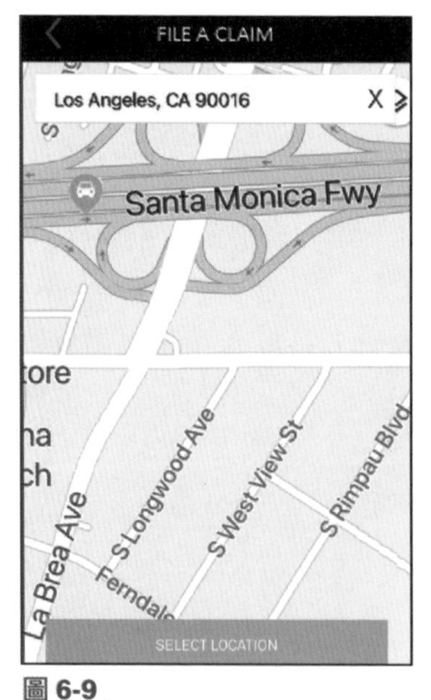

圖 6-9

在地圖上定位事故地點

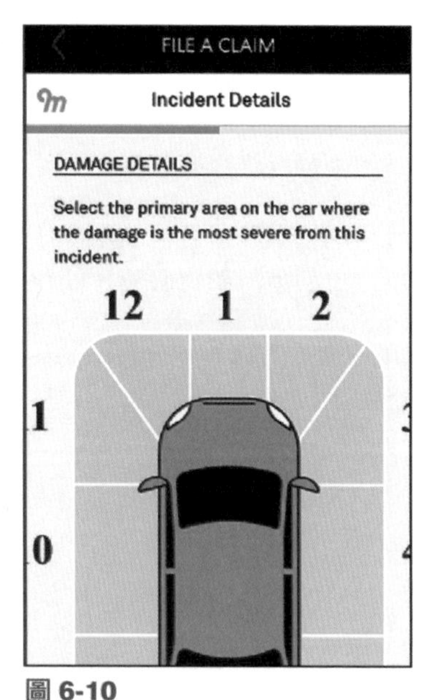

圖 6-10

指出車體損壞區域

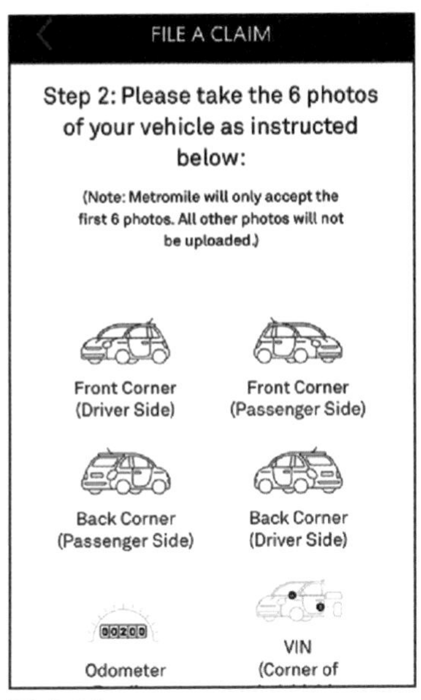

圖 6-11

收到拍照提示

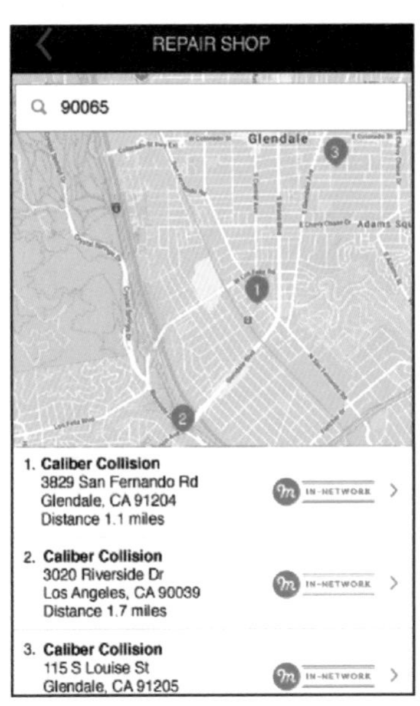

圖 6-12

瀏覽維修廠的結果列表

圖 6-13

選擇欲租用的車輛

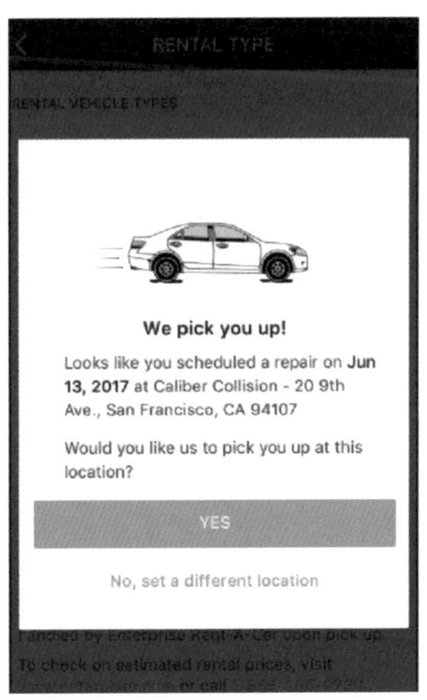

圖 6-14

收到下一步的提示

現在再看一次畫面，想像如何將它們用在婚禮 Airbnb 上。這是我的改編：

1. 畫面 1 可以顯示第一步，讓顧客選擇婚禮的最大賓客人數（因為這是場地選擇的主要決定因素）。
2. 畫面 2 可以顯示需要取得的主要細節的類型（例如，預算和日期）。
3. 畫面 3 可以顯示一張地圖，讓顧客精確定位他們想要的婚禮地點。
4. 畫面 4 不適用
5. 畫面 5 不適用
6. 畫面 6 以使用者所需的地點、預算、日期、和賓客數量，顯示可選擇婚禮場地結果列表。
7. 畫面 7 可以顯示與所選場地相關的婚禮套裝。
8. 畫面 8 可以顯示顧客婚禮套裝的確認資訊，並詢問是否要安排場勘。

經由仔細觀察並想清楚如何把細節應用在自己的產品上，你就慢慢會知道怎麼做。理想上，你要改進這些概念，並精進這些設計。目標是先專心挖掘一些好構想，然後，再將構想用故事板模擬出來。

進行特點比較

我在第 5 章提過，Steve Blank 認為琳瑯滿目的功能比較列表會帶產品走向滅亡。但現在你只是用這個方法作為探索之用，也不見得要給客戶看，特點比較能有效找出產品價值創新的契機。這就像你把盒子裡的拼圖全部倒在空桌子上，就可以挑出最好的部分，重新拼成一塊嶄新的互動模式。要盡一切可能盜用各種元素，再將它們融合成無痛 UX。

舉例來說，幾年前，一家跨國企業集團找我設計一款 iPhone 電子書閱讀器的 UX。因為市面上已經有幾家閱讀器廠牌（Stanza、eReader、Kindle、Nook），所以我進行了競品研究和分析。我下載並擷取所需的資料，取得許多不同功能、特點和體驗的畫面截圖，例如瀏覽電子書的方式、首頁的 UI、目錄導航、螢光筆及註解功能等。基本上，我記下所有與要設計的關鍵經驗相關的特點，然後，將所有截圖匯入 iPhoto，根據彼此的關係進行整理、做紀錄。圖 6-15 是那份文件的一部分。

這個過程耗費四個多小時，這讓我觀察並分析了最佳 / 最差做法，和一些很聰明的做法。這些資訊還幫我省去很多設計的時間，我不必從零開始設計。更好的是，經過充分研究的證據，幫助我與一個咄咄逼人、愛下指導棋的利害關係人溝通。

在進行特點比較時，要找出 3 至 5 個類似的參考特點，如此一來，就可以比較常見互動的不同做法，比較結果無論有沒有用，至少你有在對既有的設計進行批判性思考，並尋找更佳的方式來實現價值。

特點比較甚至可以帶你更深入了解已經完成的競品研究。當進行競品研究時，你已蒐集了直接和間接競爭對手最引人注目的特點清單，如圖 6-8 所示。現在，你可以回到這份清單，找尋更好的想法。

透過競爭對手和 UX 影響者（例如 Metromile）的特點比較，你可以比較視覺設計、互動設計、功能組合、以及內容的呈現。目標是為了避免對於自己的競爭環境毫無概念。有時候，你可以直接抓取競爭對手的 iPhone 或 Android 畫面截圖，或花點錢買來用用看，你可以請客戶買單、自掏腰包或多加一小時的工時費用。因為，特點比較真的能為你和客戶省下時間和金錢，特別在你深入研究過第 4 章和第 5 章之後，會讓你眼界大開。

Feature Comparison - Add Note and Highlight

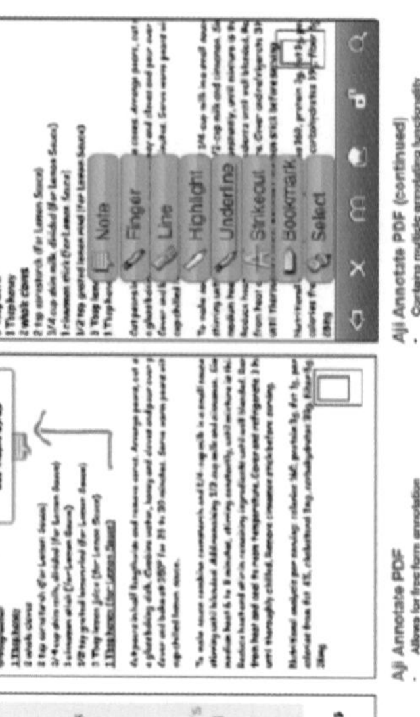

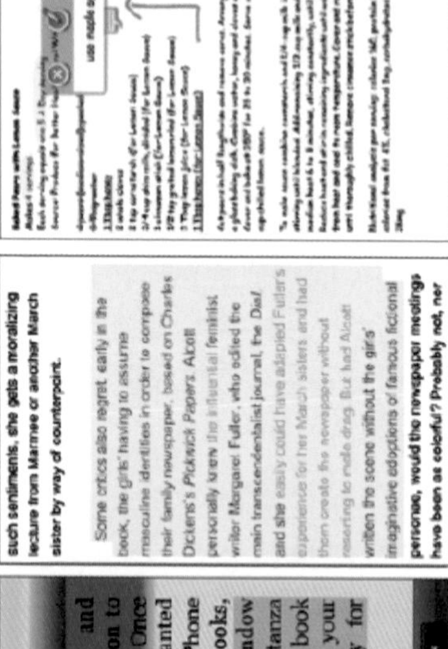

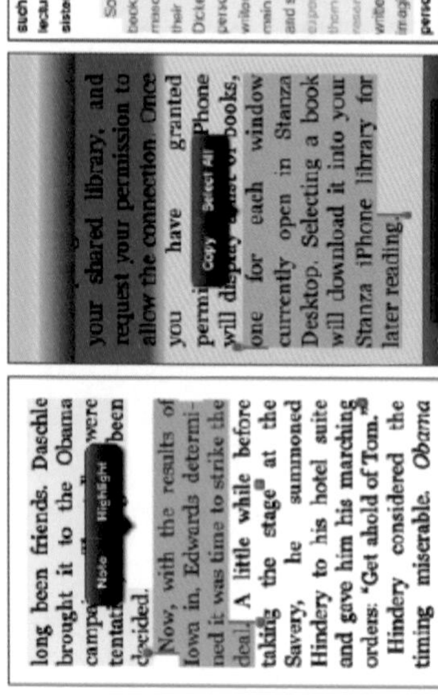

圖 6-15

電子書閱讀器用註釋或螢光筆標出的特點比較

Personalization Features	Community or UGC Features	Competitive Advantage and/or Key Features
After creating a profile, users have access to wedding planning tools providing personalized wedding dashboard, budgeter, registry, guest list, website, vendor message history, etc.	A discussion forum consisting of several wedding-related boards; not well-maintained. Customer reviews displayed for all venues.	The Knot provides comprehensive wedding resources and planning tools meeting the needs of wedding planning in all steps, therefore giving users the incentive to stay with them for every part of wedding planning. The parent company has established 2C and 2B customer bases and a mature advertising business inside its ecosystem covering "the first" in life.
After creating a profile, users can save their favorite listings and venue pricing results, and compare the saved venue pricings. Users can also check their inquiry history and message history with venues.	A well-maintained, active discussion forum featured on the top navigation bar. Customer reviews displayed for venues who receive at least one review.	Wedding Wire provides comprehensive wedding planning tools, which is identical to its sister company The Knot. Compared with its sister company The Knot, it is smaller in scale in terms of user base and vendor base, but has a heavier focus on providing a business management solution for vendors who list their business and advertise on Wedding Wire.

圖 6-16

競品研究中整理出來的特點

用故事板思考價值創新

確認產品的關鍵經驗後，接下來，要把那些重點片段編織成敘事的線索，也就是所謂的「故事」。因為故事板是視覺化和線性的，這對於團隊和利害相關人來說是一種很好的溝通工具，能讓你將驗證過的人物誌放進來，描述他們需要你的產品的情境，並幫他們實現目標。

約在 1926 年，德國電影導演 Lotte Reiniger 為動畫長片《阿基米德王子歷險記》[5] 第一次繪製彩色故事板開始，故事板手法便開始被廣為運用。從那時起，故事板成為多用途的工具，用於廣告活動、漫畫、動態影像、軟體設計及各種商業流程上。故事板讓導演能從不同角度向攝影師傳達每個場景的重要互動。我們可以將這種電影方法運用到產品設計中，以創造關鍵功能的特寫角度（搜尋婚宴場地）或顧客進行活動的廣角視野（在海灘上結婚）。這些時刻不一定與數位體驗有關，但絕對是整個顧客旅程的一部分。

原創性源於以新的方式組合功能、資料、和介面。

在開發產品時，故事板是發想階段之後很有幫助的產出。在過程中，UX 團隊經常建立經驗圖或旅程圖，並將內容整併為情境，再將這些情境轉換成故事板，就可以作為線框圖階段的前身。

5 "The Adventures of Prince Achmed," Wikipedia, *https://oreil.ly/gaJ8U*.

如果你正在打造產品，需要充實整體經驗的所有互動細節，做故事板是合理的。但我要將故事板用於不同的目的，建議直接進入價值創新和商業模式的故事板，用來發想原型中必須包含的內容，以驗證解決方案。

接下來，我們要來做一個故事板，將整體經驗切成約六個分鏡，每個分鏡由一個場景及故事敘述組成，目標是編寫一段將關鍵特點組織在一起的故事，以顯示從問題陳述到解決方案的進展。現在是反思 UX 影響者的任何特點、比較、或心智模型的好時機。在這個例子裡，要做 Metromile 的 AI 驅動的理賠申請流程。

用故事板展現關鍵特點的三步驟

故事板的目的是用視覺方式描述價值的創新。你可以利用這個方式來專注在經驗最重要的部分，直接講重點，並以快樂結局作為結尾，表示使用者的問題已獲得解決。以下是建立和展示故事板的建議步驟：

步驟 1：撰寫分鏡的故事

編寫要在故事板分鏡中每個圖像下方的敘述文字。像是短篇小說，重點是表達關鍵特點。無論過程是 20 分鐘的 Uber 行程或兩個月的 Airbnb 住宿，試著把整段顧客旅程展現出來，也要思考數位互動和線下體驗。讓這段文字用簡短一句話表示。

婚禮 Airbnb 要展現的是準新娘夢想婚禮成真的經驗，而不是帳號註冊、相簿呈現的方式。下列是我定義的分鏡內容：

1. 準新人在網路上很難找到漂亮又平價的婚宴場地。(問題或需求)
2. 他們輸入一些理想婚禮的重要資訊。
3. 他們得到幾個婚宴場地的搜尋結果。(關鍵特點 #1)
4. 他們選擇了其中一項婚宴套裝。(關鍵特點 #2)

5. 他們即時收到要完成的事項提醒。（關鍵特點 #3）

6. 他們成功舉辦了超棒的婚禮，也沒有超出預算！（解決方案）

步驟 2：蒐集或建立視覺圖像

決定故事板的視覺形式。有些人會畫插圖或草圖，有些人（像我）連個火柴人都不太會畫。因此，最重要的是選擇快速又容易上手的形式，將故事板組合在一起。如果你習慣用 Photoshop、Keynote、或線框圖 / 原型工具（像是 Adobe XD、Figma 或 Sketch），就把介面的概念圖拼湊在一起就好了，千萬別浪費時間繪製線框圖，也可以用網路圖片或直接改別人的畫面。簡單設計、繪製、組合所有的圖片，確保比例大約正確。不需要在這個階段設計整個使用者介面，只要把介面中最能展現概念的部分清楚表示出來即可。

步驟 3：把故事板放到畫面上

首先在每個分鏡下方加上編號和說明文字。以小寫文字向左對齊，以便於閱讀。然後加上圖片。

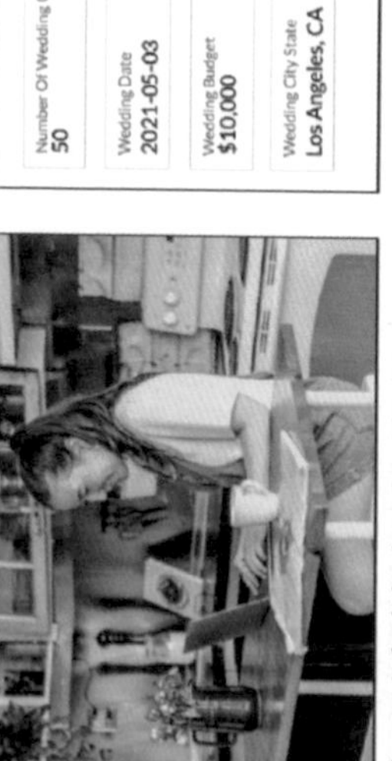

Number Of Wedding Guests
50
Wedding Date
2021-05-03
Wedding Budget
$10,000
Wedding City State
Los Angeles, CA

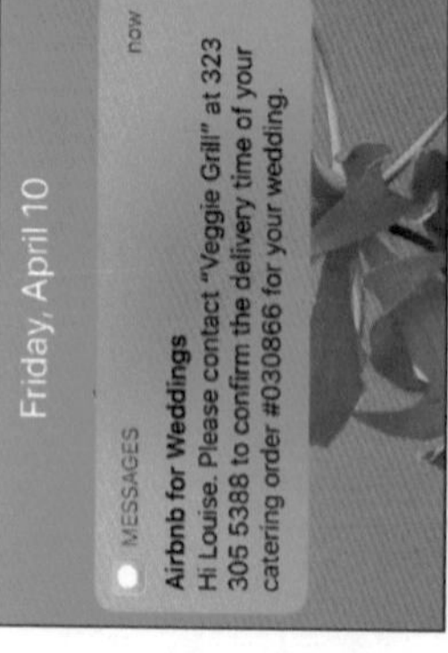

Friday, April 10
MESSAGES
now
Airbnb for Weddings
Hi Louise. Please contact "Veggie Grill" at 323 305 5388 to confirm the delivery time of your catering order #030866 for your wedding.

Storyboard of Airbnb for Weddings (spouses-to-be experience)
1. Spouse-to-be is having a hard time planning a beautiful yet affordable wedding.
2. She enters the major details of her ideal wedding.
3. She sees a result set of available wedding venues.
Rolling Hills
Malibu Retreat
Hidden Valley
4. She selects from a set of customized wedding packages.
SILVER PACKAGE
Catered by Veggie Grill
$80 per plate
$4000
See More Details ›
GOLD PACKAGE
Catered by Reel Inn
$120 per plate
5. She receives timely reminders of tasks that must get done.
6. The couple has a wonderful wedding without breaking their budget!

圖 6-17

故事板展示給準新人的價值創新

如圖 6-17 所示，我混用了 Google 圖片找到的的照片、The Knot 的表單畫面截圖、拼在一起的圖像，還有一張假的簡訊畫面截圖來講述這個故事。

如本章一開始提到，故事板未必是專案產出。當然在某些工作場合裡，用故事板來提案和傳達想法非常有效，但在這裡，我們只是用它來與團隊建立共識、勾勒出關鍵特點的情境脈絡，為原型設計階段做好準備。

商業模式、價值創新、線上交友

上面我們討論過如何盜用 UX 功能特點，但是別忘了盜用的手法也可以套用在商業模式上。這是因為價值創新是結合成本領先和差異化戰略的競爭優勢，也就是說，殺手級 UX 與商業策略是有關的，反之亦然。這兩項因素的結合能讓別人看不到你的車尾燈，使產品得以在變動市場立於不敗之地。

讓我們來研究一下（真希望自己沒那麼熟悉的）線上交友市場，以 eHarmony、OkCupid 和 Tinder 這三個平台為例。

eHarmony 的商業模式是以每月會費為基礎，它的價值主張是靠著演算法來配對客戶的特質，例如隨和、靈性特質和個性外向活潑等。會員在收到精確配對結果前，必須先回答幾百個問題。若想要得到更多配對結果，要先把目前收到的配對都解除。平台不提供瀏覽功能，但提供引導式對話溝通的工具，因為它是專門為「以結婚為前提交往的人」所設計的服務。

在同一個市場裡的 OkCupid 與 eHarmony 的商業模式截然不同。它免費開放使用，收益流從付費廣告擴展成升級訂閱服務。但是，它強大的 UX 清楚傳遞價值主張，讓使用者可以依據質化和量化資料過濾配對的資訊，也可以回答高度個人化的提示問題，自訂配對演算法。顧客能隨時掌握和交友對象的配對方式，而 OkCupid 則從使用者資料和付費收益流中獲益。

下一波線上交友創新者是滑動手勢類的 App 產品，最著名的就是 Tinder，主打易用性和即時性。使用者用 Facebook 帳戶登入註冊，上傳幾張照片，填一下個人簡歷，只要 15 分鐘就可以開始交友。Tinder 爆紅的原因是，它完全推翻了交友網站固有的心智模型，且讓使用者只能在相互表示有好感後才能開始互動。使用 Tinder 時，使用者會收到依照自己設定的距離、年齡、性別條件所篩選出來的對象卡片，也就是 Tinder 的第一個關鍵特點。若使用者對這人沒興趣，可以在螢幕上向左滑動換下一位，如果看對眼，則右滑保留，當雙方都右滑時，就可以互相丟訊息。Tinder 還提供約方圓 1.5 公里的配對資訊，這是第二個關鍵特點。如果你住在紐約或柏林等人口密集的城市，你可以尋找步行距離以內的配對者。因此，本來為 Y 世代設計的交友 App，成了男女老少都愛用的交友神器。

Tinder 一開始並沒有設計確切的收益流，因為它的商業模式起初追求的是大規模普及化。達成後，Tinder 正試著導入如投放精準廣告或是付費會員制等模式，以提供使用者更純熟的配對功能。這位只服務行動裝置的競爭者現在擁有超過 5000 萬使用者，並很快壓縮了 OkCupid 的價值主張，以至於在 2017 年，OkCupid 大幅改變功能，禁止使用者互相傳訊息，除非彼此都表示喜歡對方。

另一個流行的手勢交友 App 是 Bumble。如前所述，它與 Tinder 非常相似。但它的主要區別在於女性必須在配對後主動送出訊息，這個「踏出第一步」的關鍵特點讓 Bumble 創辦人將之稱為「女權主義版 Tinder」[6]。它還提供了一種稱為「終身制」的獨特收益流（如圖 6-18 所示），讓你可以終生使用 Bumble（或至少用到 Bumble 倒為止），這似乎非常適合連續交友者，或完全悲觀主義者的客群。

---

6 Edwina Langley, “Bumble Partners with Spotify,” Grazia, June 16, 2016, *https://oreil.ly/TKAPK*.

圖 6-18

Bumble 上的終身制定價方案

我想要強調以下兩點的重要性：

- 這些產品皆具備獨特的關鍵特點和商業模式。
- 這些產品皆在相同產業的競爭中脫穎而出。

透過特點和商業模式的細緻調整，它們創造獨一無二的方式來吸引使用者，這就是這些產品能如此創新的原因。

本章回顧

本章涵蓋了許多發想過程相關的內容和概念，並與最初的構想結合，以達到價值創新傳遞的最終目的！我們說明了如何關注產品的核心用途，以實現數位產品的價值創新，你也了解到關鍵特點的重要性（即價值主張的展現），以及開發與競爭對手一樣或稍微改良的產品只是浪費時間。文中示範如何找出 UX 影響者，你也學會盜用的手法，可以用來挖掘其他產品的特點、互動模式、和商業模式的好想法，並融會貫通，創造新的產品。最後，你也能用故事板說故事，把顧客旅程與價值創新相互結合。

接下來，面對現實的時刻來臨了。我們要透過設計原型、進行測試，來看看你的創新是否符合現實。

[7]

設計原型，進行測試

> 要避免因追求錯誤策略而過早花費巨額資金的行為，你必須擁有實驗性的思維模式[1]。
>
> —CLAYTON CHRISTENSEN

在精實創業的前提下，我們要及早且頻繁地取得顧客的回饋，以確認是否偏離目標，這同時也是信念 3 的基礎：實證使用者研究。Eric Ries 和 Steve Blank 堅信愈早對產品進行測試愈好，現在，我們也可以在企業環境中見到這種「快速學習」的理念，像是 Google 設計衝刺流程日漸普及，團隊運用五個工作天的時間來設計解決方案的原型並進行測試。

一個成功的 UX 策略也需要持續不斷地被測試，以確保產品發展的解決方案是人們真的想要的，因此，我們現在要從故事板進到最小可行產品（MVP）或產品原型的階段，這能幫助你盡快了解目前的假設是否在正確的軌道上，也會強迫你面對現實，確認商業模式在真實世界中，怎麼樣才可行。現在，當我們準備進入原型時，也總算融合了這四個信念（見圖 7-1）。

---

1 Christian Sarkar, "RIP, Professor Christensen," Christian Sarkar, January 25, 2020, *https://oreil.ly/mdLKA*.

圖 7-1

UX 策略的四大信念

盡最大的努力去做

我父親買下第 4 章提到的那間注定失敗的熱狗店前幾年，我看著母親在我們聖費爾南多谷的家裡經營了一個非常成功的事業。1970 年代初期，那時 35 歲的母親愛上了網球。那時是美國網球盛行的黃金年代，透過電視轉播，約翰紐康姆、肯羅斯威爾和克里斯艾芙特這些優秀選手在溫布頓網球錦標賽、美國網球公開賽和法國網球公開賽的表現讓網球運動風靡一時。全國各地如雨後春筍般出現許多後院網球場、提供紮實課程的鄉村網球俱樂部、以及各式比賽。在陽光明媚的南加州地區，打網球成為中產階級人士生活中不可缺少的一部分。我上小學時，母親會帶著我弟弟到她上網球課的公園，讓他在圍欄裡玩。她是個天生好手，還練成了強有力的切削式回擊球，才學六個月，她就贏得第一座網球比賽女雙獎盃（見圖 7-2）。

沒多久，母親的心思開始注意到網球比賽之外的事情，有一天，她和雙打夥伴 Lea Kramer 吃午餐時靈感湧現。她們喜愛與網球運動相關的一切，但唯一令兩人不愉快的是平價的網球服裝真的很難買到。洛杉磯一家網球服裝折扣店的審計報告證明了網球服裝的市場是一片少有人競爭的藍海。於是，她們找到了自己的價值主張。

圖 7-2
1972 年，Rona Levy 與她的第一座網球比賽獎盃

她們各自拿出 500 元美金作為資金，兩人都沒有零售經驗。Lea 處理過帳務，母親則只當過法律事務所的秘書且沒上過大學，但她很有生意頭腦，建議兩人先採用試賣的方式驗證她們的價值主張。於是她聯絡了一位家族朋友，請他幫忙進貨，這個人在一家布料廠工作且與洛杉磯市中心的成衣廠熟門熟路。他還找到認識的明星艾爾克薩默，讓她同意用只比成本高一點點的價格，把她的新系列網球服裝賣給兩位。Lea 和我媽手邊有了 4 件連身裙、10 件百褶裙和 12 件運動內衣，現在只需要找到顧客來購買。

她們先到網球場找尋顧客，她們從後車廂裡拿了幾件商品向球場附近的人展示，但發現人們其實需要隱蔽的地方試穿。因此她們想辦法取得當地俱樂部球員的名字和電話號碼，採用閒聊打交道的方式，讓她們願意來家裡一趟。我還記得那時從學校回到家時，會看見很多衣衫不整的女人在媽媽房間裡晃來晃去試穿衣服，而媽媽也會鼓勵她們試穿一下不同的款式。另外，她們兩位還受邀參加比弗利山莊的義賣，將所得 10% 作為慈善捐贈，裝滿一車商品進軍高端客群，在豪宅車庫搭了「快閃更衣室」賣起衣服。這些測試最終讓她們嚐到振奮人心的勝利滋味，她們的創業計畫甚至登上了 LA Magazine[8] 的「洛杉磯十大划算選物」專欄。

8 Rena LeBlanc, "The Ten Biggest Bargains in L.A.," LA Magazine, July 1973.

她們在營業第一年便累積了一萬美金的庫存，鞏固了包括比弗利山莊、歐海市、帕利塞德區等各地的顧客群。眼見時機成熟，她們決定把臥室衣櫃擴張到萬特樂大道的實體店面，Love Match 網球專門店就此正式誕生（見圖 7-3）！

圖 7-3

1974 年，Lea Kramer（左）和 Rona Levy（右）在 Love Match 網球專門店門口合影

打從生意開張起，母親和 Lea 就沒有賠過錢，她們會用利潤再投資更多商品。有可支配的收入，又有能照顧小孩兼打網球的彈性時間，她們對這樣的生活方式感到非常滿意。三年後，店面搬到了新開幕的購物中心內，且擴大了三倍，生意還是持續興盛不衰。過了將近 10 年後，母親決定退出經營，Lea 用雙方同意的金額購買了她的持股，兩人按照正式網球比賽結束的禮儀握手致意，就此結束她們的事業合夥關係。

經驗分享

- 沒念過 MBA 或大學的人也可以創業，也一樣會成功。但你真正需要的是一步一腳印、埋頭苦幹的精神。
- 從小事做起。如果有宏大想法，不妨設法試試看。用行動來進行風險管理。小賭宜快。
- 持續盡心盡力以維持良好合作夥伴關係。但是，一旦結束，握個手、優雅地離開。

我如何成為一個測試狂？

2011 年初，我的全職工作是思科的外部 UX 策略顧問，同時，我也在尋找洛杉磯當地小型、願意投入實作的科技新創公司合作。三月時，我遇到一位創業家 Jared Krause，他性急、風趣、善於言辭，我們和一位同是紐約大學校友的朋友一起創業。他的願景是建立一個功能齊全的線上平台，讓人們在上面輕鬆交易各類商品和服務，而且他已經準備好初期的私人資金。當然，當時已有其他的以物易物／交易平台，但是都沒有任何能根據使用者共同興趣和地理位置來進行匹配的成熟機制。

我一邊忙於思科的工作、處理離婚事宜及照顧剛上幼兒園的兒子外，一邊投入於專案的開展。大約半年後，我們已經完成了業務需求表、專案藍圖、資訊架構的建置，以及 50% 左右的 UX 線框流程圖。Jared 組了個厲害的專案團隊，裡面還有專門開發人工智慧技術的專家。我們的價值主張基本上就是「以物易物的 OkCupid」或 Jared 形容的「雜物交友網站」。概念是讓顧客刊登自己想換出和想索取的物品，再由後台演算法找出需求匹配的人，以便進行交易。這個案子真是又大又複雜。

結果有一天，我們剛開始檢討線框圖時，Jared 要我先停下手邊的 UX 設計，去好好讀一讀紐約時報暢銷書榜的《精實創業：用小實驗玩出大事業》[9]。我用在 Pasadena 的 Arroyo Seco 步道健行的兩天，聽完了這本有聲書。

真正讓我印象深刻的一件事是 Ries 將「開發－評估－學習（Build-Measure-Learn）」回饋循環（圖 7-4）應用於產品策略上。如第 2 章所述，此循環始於一個能快速做出最小可行產品（MVP）的構想。在向潛在顧客展示產品時，必須以回饋的形式產出可量測的資料。你就可以從回饋中學習，並繼續優化這個構想。

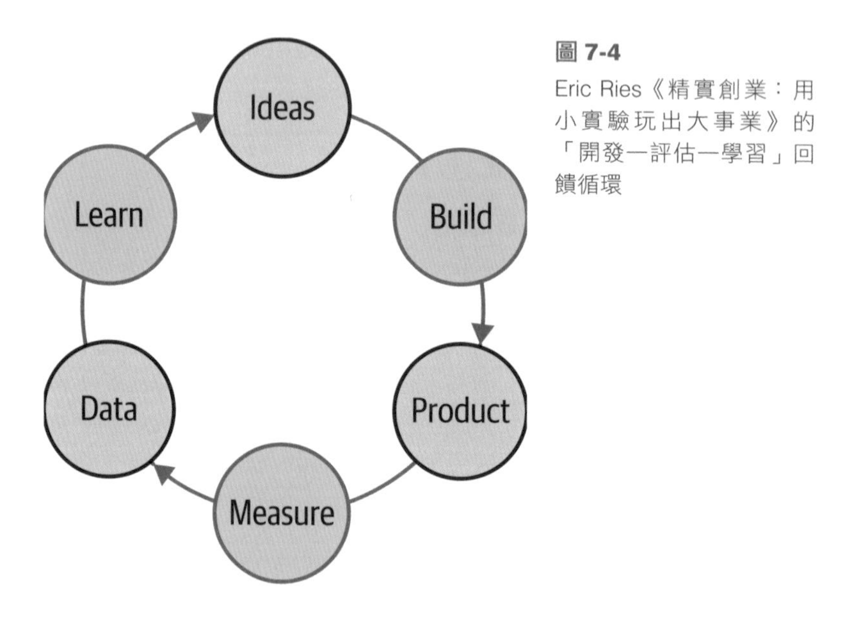

圖 7-4

Eric Ries《精實創業：用小實驗玩出大事業》的「開發－評估－學習」回饋循環

書中的概念給了我一記當頭棒喝，讓我領悟兩件驚人的事實，第一件事實是 Jared 和我對產品的一連串做法勢必徹底改變，這意味著我不得不放棄或擱置已精心完成的 UX 工作，第二件事實是我根據傳統「瀑布式」軟體開發模式進行的 UX 策略和設計方法已經過時了。遊戲規則已經完全改變：

9 Eric Ries, Lean Startup (New York: Harper Business, 2011).

- 不再有為了推出 1.0 版本而進行 UX 策略的階段。現在要為小而漸進式的準正式版本（即 MVP）做規劃，這個版本的目的是為了清楚表達此產品 UX 的不同特點。
- 不再單打獨鬥，把自己的部分做完再交接給團隊（利害關係人、軟體開發者、設計師）。而是要不斷進行合作、一起制定策略，以確保產品儘快發佈。
- 不再碰運氣，東西做好後才希望顧客會喜歡。而是要在做的過程中，要求客戶讓我進行測試，一邊測試 UX 和價值主張。

在案子進行到一半時改變方向令人倍感壓力，再加上資金面臨短缺，我們需要新一輪的資金挹注，而投資人則想看到產品能成功的具體證據。我們一直被問：「為什麼人要為了一台舊筆電，等著跟別人交換物品？他們大可以直接放到 Craigslist 上賣掉換現金不是嗎？」我和 Jared 得立刻開始 MVP 的測試，證明我們的美好願景並沒有那麼烏托邦。

我們要擷取一小段 UX 來測試價值主張的精髓。即使 Jared 對自己的超強行銷能力非常有自信，認為我們的網站首頁一定能吸引到不少人，也要先有看起來像樣的網站才行啊。

第一個測試是想知道：比起提供大量等價物品供選擇，和一個特定的物品，哪一種方式比較容易產生成功的交易。我們需要快速進行一些交易以了解這一點。那時，Jared 直覺認為，如果每天只提供一筆交易，並把交易的內容變得極具吸引力，交易成功的機會就更高。

過程中最難的部分是，在沒有後台資料庫的狀況下，要如何在前端進行交易的測試。我們需要專注在重要的價值創新上，對 TradeYa 來說，就是能讓你不花一毛錢，就獲得想要的東西。

我們也要讓人們願意和陌生人進行實物交換。經過激烈的討論，Jared 和我決定，如果 Craiglist 不要求使用者擁有帳戶也能運作，那麼我們 TradeYa 原型也可以是這樣。最後，我砍掉了所有個人化和交易的流程設計——刪去使用者資料、購物車、使用者評論。MVP 先不需要這些。

我和 Jared 花了一個週末重新整理要提供給軟體工程師的 UX 文件。隔了一週，「今日交易」網站誕生了。

圖 7-5 說明 TradeYa 原版網站地圖和第一個 MVP 精實後的比較。

圖 7-6 展示網站流程圖的前後比較。

只要看一眼 UX 文件就可以明顯看出來精實了多少。我們能夠做到的主要原因之一是 Jared 手動執行了每筆交易。為了確保所有的交易順利進行，他協助雙方透過 Email 交換寄送資訊，協調面交時間，或在 7-11 引導交易進行。

接下來 Jared 把測試做得更誇張，他要求團隊的所有人（包含投資人、軟體開發者、設計師）都要拿出自己的物品或服務參與測試，直到大家都完成成功的交易。我沒想到要這麼投入呀！而且手邊並沒有想要（或需要）拿來換的舊沙發或電腦，所以我決定用我的 UX 技能進行交易（見圖 7-7）。我的今日交易是兩小時的 UX 顧問服務，透過 Skype 進行，我的交換條件是任意物品或服務，或幫我把一些以前做的 Flash 動畫轉檔上傳到 YouTube。

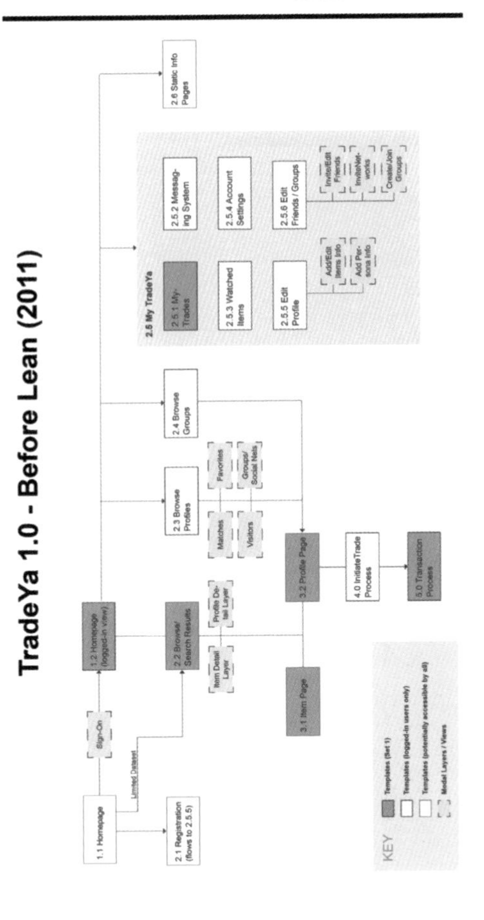

圖 7-5

TradeYa「精實」前後的網站地圖比較

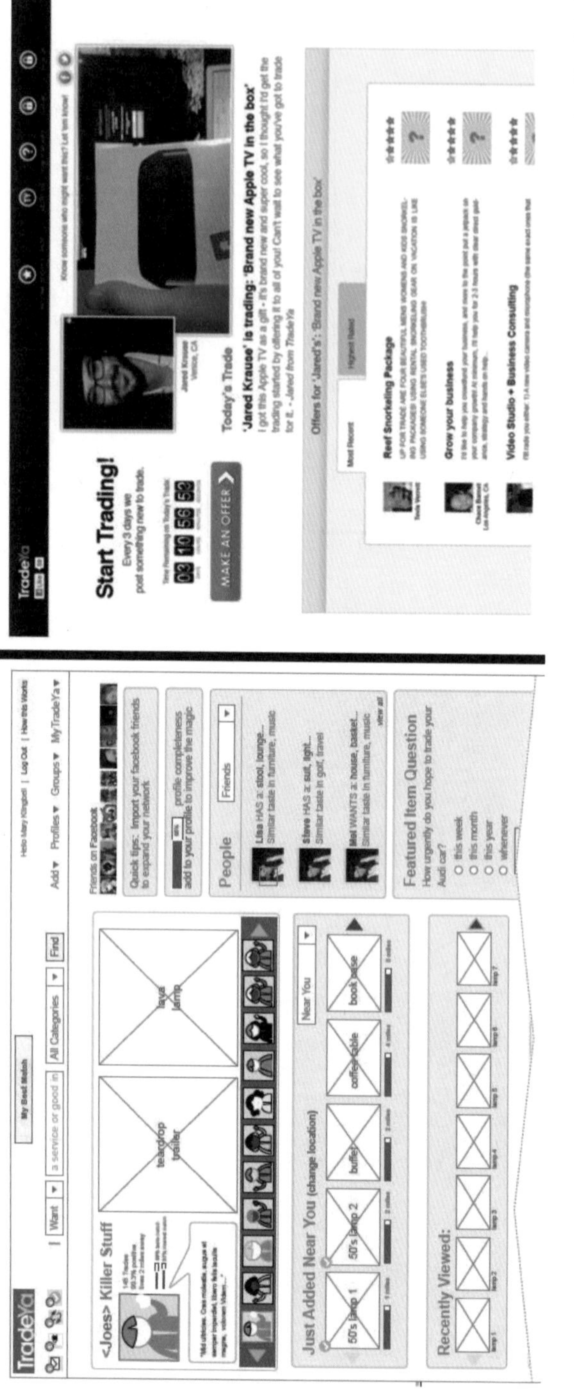

圖 7-6

TradeYa「精實」前後的網站首頁比較

圖 7-7

我自己在 TradeYa 網站的今日交易

交易過程令人怕怕的，但也蠻有趣的。再者，它確實就像我們最初形容的價值主張：雜物交友網站。我在 24 小時內接到來自波特蘭的一位數位產品顧問 Edward 的交易邀約。此時，我才完整感受整個服務的樣貌，親身體驗告訴我這個網站的價值主張其實與 eBay 不太一樣，反而更像 OkCupid。我們的交易非常成功，Edward 幫我把動畫影片放上 YouTube，我則指導他如何在波特蘭找到 UX 的工作，甚至還幫他介紹了一場面試。整個交易經驗還蠻神奇的，這樣的以物易物比金錢交易更有價值，因為雙方在交易過程中獲益良多，也省去找外包的麻煩。這些成果展示讓投資人很滿意，我們因此獲得更多的資金挹注，得以繼續測試及學習。

現在就定義測試

TradeYa 專案以及與 Jared 的合作讓我對 Clayton Christensen 在本章開頭所說的「測試心態」有了不錯的了解。我喜歡可以不用寫太多程式碼，就能測試商業構想，甚至帶有一點龐克搖滾精神，把一個原始的概念炸開，看看人們的反應。我也發現，進行 AB 測試，讓大家知道「可能我是對的，可能你是對的，我們兩種都測試看看，來找出答案！」，是一種結束與利害關係人或團隊成員爭論的好方法。

但讓我們退後一步，提醒自己究竟什麼是測試。測試的目的是檢驗假設，以根據可量測的結果來確認或推翻這個假設。測試方式有很多，可以在實驗室或場域進行，也可以在有或沒有對照組的情況下進行以作比較。視預算，測試可大可小，但不論採用什麼方法，目的都是要測試一個變項。這個變項是可以被控制或改變的任何項目、因素或條件。在觀察測試變項時，在一定的時間限制內，試著關注人事物的因果關係，因為我們要量測並擷取變項改變時所觀察到的證據。

這可能聽起來很科學。因此，讓我們回到信念 1：商業策略，和信念 3：實證使用者研究。價值主張的測試始於假設。人們經常搞不清楚假想和假設之間的區別。如果還記得第 3 章中的內容，臆測是你認為對的事，例如「布魯克林的大多數千禧世代的人都喜歡純素冰淇淋。」假設也是你認為對的事，但以明確的方式陳述，以便進行測試。或者如 Eric Ries 在《The Leader's Guide》中描述的：「可證偽的假設是一種很具體、明確、邏輯上可能是錯誤的預測」例如，「布魯克林超過 75% 的千禧世代都喜歡純素冰淇淋，因為他們相信這對環境更友善。」我們可以透過詢問布魯克林的 100 名千禧世代的客人為什麼喜歡純素冰淇淋來檢驗這個假設。一旦有了假設，就要用最經濟、最有效的方法來取得用來確認或推翻想法的資料。

測試的流行術語

許多類型的測試都貼上了流行標籤，人們常常為本來就存在的事物編造新術語。有時意思上有一點點變化，只會引起更多混淆。但是有些術語能長時間存在，以下整理一份與進行價值主張測試相關的術語列表：

禮賓式 *MVP*

「禮賓（Concierge）」是個法語單字，意思是指門房。在旅館或社區，門房的工作是確保顧客（租客、客人、任何人）從進入大樓那刻起的經驗能一切順暢。當我提到禮賓式 MVP，是指嘗試在沒有介面的狀況下親自模擬顧客經驗，並且重點是在使用與原型互動時，盡可能做到順暢自然。如果沒有時間或資源打造後台，用人來代替也是很不錯的。這就是 Jared 在 TradeYa 上親自引導交易的方式。

綠野仙蹤法（*Wizard of Oz*）

數位產品的模擬可以回溯到 1983 年 J. F. Kelley 在 IBM 進行的人工智慧測試。Kelly 描述他的測試是「一個模擬的實驗，受測者被告知將和一個像人一樣會講英文的電腦程式互動，然而事實上，在程式發展的早期階段，半成品程式其實不太穩定，因此扮演『魔術師』的測試者會暗中攔截參與者和程式之間的對話，並提供答案和新的問題[10]。」在測試產品概念時，參與者與他們認為功能齊全但實際上由看不見的操作人員控制的產品進行互動。與禮賓式不同，顧客不知道有人參與其中。

冒煙測試（*Smoke test*）

此方法是用來了解對於某個價值主張，是否有足夠的顧客需求，以便產品開發者確認打造實際產品或服務的合理性。此術語來自硬體開發，當時工程師會檢查電路板在第一次通電後是否會冒煙。基本上，冒煙測試是為了發現產品或產品概念中明顯的不足，以避免發佈必定失敗的東西。冒煙測試的獨特之處在於它不會模擬完整的顧客體驗。在測試中，會透過按鈕被點擊的次數或蒐集註冊資訊來衡量顧客的興趣，但這只會讓人進到「即將推出」頁面，沒有其他東西可以互動，顧客也不會收到實際的產品或服務。冒煙測試的一個例子是登陸頁面測試，會在第 9 章討論。

概念說明影片

通常採用簡短的影片或動畫來說明產品的優點，在產品登陸頁、YouTube 、或 Kickstarter 和 Indiegogo 等群眾募資平台都可以看到這類影片。可以用來吸引投資人、募資、測試產品吸引力、和開發使用者。若顧客提供了他們的 Email 或其他個人資訊，即代表顧客買單。

10 J. F. Kelley, "An Empirical Methodology for Writing User-Friendly Natural Language Computer Applications," Proceedings of ACM SIG-CHI '83 Human Factors in Computing Systems, Boston, December 12–15, 1983.

土耳其機器人（*Mechanical Turk*）

> 在 1770 年，發明家 Wolfgang von Kempelen 向奧地利女皇展示一款他創造的西洋棋機器人[11]。這個名為「Turk」的機器人在歐洲各地巡迴演出了幾十年，和人們下棋，打敗了許多挑戰者，其中包括拿破崙和富蘭克林等政治家。人們不知道的是，裡面真的躲了一個真人西洋棋高手，在秘密隔間裡操縱機器人和人們下棋。今天，當有人說他們正在「用土耳其機器人」做產品時，意思就是正在打造一個帶有人力後端的前端，以手動模擬複雜的數位產品。這可以用亞馬遜土耳其機器人（Amazon Mechanical Turk）來達成，便能在平台上獲得多樣化且可擴展的人力來把小任務外包，就像綠野仙踪法的眾包版本。

運用快速原型來驗證價值主張

驗證價值主張的測試並一定要花很長的時間，而且不需要製作功能齊全的網站或 App 才能進行，這就是原型的厲害之處。關於原型設計的專家／假專家意見有很多。在此想要分享的是在過去 30 年中，使用原型測試產品策略有效的方法。首先，讓我們從一些基本概念開始。

根據《牛津英語詞典》，「原型（Prototype）」一詞已有近 500 年的歷史，起源於拉丁語 Prototypum[12]，它的定義隨著技術的進步而演變，意思是「為評估而製作的少量初步版本，或者可以從中可用來改善或修改的版本。」

數位原型是概念的驗證，讓你在打造完整解決方案之前，對其進行測試。原型應能讓使用者熟悉你試圖創造的最終體驗。不一定需要動畫或互動式，也可以便宜、快速、昂貴或緩慢地產出。原型可以在不同的目的下使用，例如獲得主管的認可，或獲得未來顧客的回饋。

---

11 "The Turk," Wikipedia, *https://oreil.ly/LZlj2*.

12 OED Online, s.v. "prototype," accessed January 14, 2021, *https://oreil.ly/Kjztk*.

原型可用於測試產品的一般可行性或易用性。幫助我們能夠對產品迭代、檢視、並將大大小小的構想做得更好。有關原型設計的更多資訊，請見 Kathryn McElroy 的《原型設計｜善用原型設計和使用者測試創造成功產品》[13]。

什麼是快速原型？

快速原型一詞來自製造產業。在製造業中，快速原型用於在大量製造產品或零件之前，對其進行測試。同樣的，數位產品設計人員也用快速原型來建立和測試產品可動版本，視其為一種快速且成本效益高的方式。

快速原型的「快速」意指這種類原型是很快的。建立原型的時間很快，至於需要幾天、幾週或幾個月，實際上是由專案的範疇和團隊的規模來決定。快速原型不一定需要寫程式，重點是運用簡單好上手的原型製作工具，這樣就可以把時間用來製作原型，而不是學習新工具。

即使會帶給未來的設計師參考、啟發、或困擾，原型也不是最終產品。

常用快速原型工具

請注意，此表主要介紹能結合線框圖、簡單好上手、且是設計公司和企業常用的平價／免費工具。

Adobe XD（*www.adobe.com/products/xd.html*）

一套協作工具，可幫助你和團隊建立網站、行動 App、語音介面、遊戲等的高擬真設計。提供大量的入門線上 UI 工具包。

Figma（*www.figma.com*）

一個桌機版 App 和瀏覽器版本的設計、原型設計和程式碼生成平台，提供線上協作，無需安裝、儲存或匯出。運用向量網絡來輕鬆建立複雜的圖示和設計。

---

13 Kathryn McElroy, Prototyping for Designers (Sebastopol, CA: O'Reilly, 2017).

Sketch（*www.sketch.com*）

支援 macOS 的向量設計工具，提供數以千計的線上工具包和外掛。可以用來建立高擬真模型、設計原型、與團隊協作、並與顧客共享設計稿。

InVision Cloud（*www.invisionapp.com*）

將現有高擬真畫面轉換為原型的工具。可以上傳並串接圖像，在行動裝置上輕鬆共享、與顧客進行測試。記錄評論和版本也很容易。

Balsamiq（*https://balsamiq.com*）

快速的低擬真線框圖工具，可重現在記事本或白板上繪製草圖的體驗。它帶有數百種互動模式和圖示，可用來快速製作網站模型、桌機版和行動版 App。

此外，準備好故事板（來自第 6 章）和原型大綱（後續會討論到）是非常重要的，這樣就可以規劃好時間，專注於關鍵功能的原型設計。有關 2021 年流行的常用原型製作工具列表，請見上述欄位。

什麼是驗證價值主張的快速原型設計？

如第 3 章所述，價值主張的主要目的是傳達顧客從你的產品中獲得的效益。例如，Airbnb 的價值主張是「一個供人刊登、尋找、和預訂世界各地住宿的線上社群市場」。當時，創辦人用一個簡單的網站在他們自己家中出租充氣床墊，看看人們是否認為這樣有價值，藉此驗證了最初的價值主張。

這就是為什麼，出於產品策略的目的，將原型重點放在價值主張的關鍵功能上是必須的。我們要努力了解，自己認為使產品獨一無二的功能，是否能為潛在顧客帶來真正的價值。這遠比了解設計是否漂亮或產品是否易用更重要。因為如果目標顧客在使用原型後表示不需要該產品，那麼這兩件事都無關緊要。因此，以下這些是我們需要用原型來回答的重要問題：

1. 解決方案是否解決了目標顧客表達的問題或主要痛點？
2. 目標顧客是否認為關鍵功能有價值？
3. 目標顧客是否願意付錢，或以能貨幣化的方式使用產品？

問題 1 和 2 的答案有助於驗證價值主張。問題 3 的答案則有助於驗證商業模式。此過程有時稱為概念驗證或商業模型測試，仰賴於夠真的 MVP 來進行測試，以獲得準確的顧客回饋。

這就是為什麼我強烈主張使用高擬真原型來引導產品策略。擬真度是指視覺細節和功能的真實程度，低擬真原型的問題在於它需要測試參與者運用想像力，如果遺漏了重要的細節，例如真實的內容，可能會有參與者因為無法理解內容而提出反對意見的風險。

四步驟，用快速原型測試價值主張

在第 6 章中，我們提到需要關注關鍵功能並從使用者的角度準備一份任務故事。現在，我們會使用故事板作為測試原型製作的起點，接著，再將原型用於質化和量化研究。在第 8 章中，我們會用視訊會議平台與線上參與者一起進行原型操作。在第 9 章中，我們會使用原型中的圖像來開發登陸頁面測試的設計。

即使你不是經驗豐富的設計師，還是可以學習快速原型製作。我在南加州大學（USC）工程學系教研究所的 UX 策略課程很多年，即使是沒有設計經驗的學生，也能做出很棒的原型。我會在接下來的兩個章節中，用他們的專案來展示如何製作快速原型，不到 100 小時內建立的原型，也可以用來進行使用者研究測試。

向大家介紹我的學生：UX 新秀 Jessica ！她提出的價值主張是預訂自動飛行機的行動 App，可以想像是 Blade Runner × Citymapper。在過程中，Jessica 在顧客探索過程中對她 20 到 30 多歲的全職洛杉磯通勤者的客群做了驗證。她進行了競爭研究和分析，得知 Uberr Air 是她最大的競爭對手。在圖 7-8 中，可以看到 Jessica 的手繪故事板，說明顧客會怎麼從她的解決方案中受益。

為了讓過程快速進行，不要浪費時間模擬只有一點概念價值的想法。

圖 7-8

Jessica 的手繪故事板

如圖所示，在故事板裡，這個人要在尖峰時間去上班，然後，她點擊了每一個關鍵功能，預訂自動飛行機和其他類型的交通工具的組合，並使用 QR Code 快速輕鬆地登機。畫出這些互動幫助 Jessica 不用開電腦就能快速了解她需要什麼樣的畫面。Jessica 用這個故事板作為原型設計的起點。

她依照以下四個步驟，後面會詳細介紹：

1. 準備原型故事大綱。
2. 開始使用原型工具，並盤點資源。
3. 製作原型所需的畫面。
4. 讓原型動起來。

所以捲起袖子，要來動手做了！

步驟 1：準備原型故事大綱

第一步就是要準備一份故事。確認故事板分鏡描述，然後將文字內容複製貼上到相對應的分鏡上。要從一個分鏡到下一個分鏡，可能會需要許多功能或介面的串連，因此，如果發現要將動作分解為多個畫面，是很正常的。故事可能是線性的或非線性的，這取決於產品與服務的關鍵特點是什麼、以及彼此是否為連續的歷程。重要的是展示畫面，讓我們能就功能、價值主張和商業模式提出決定性的問題。

以下是一般原型畫面的大致框架。轉場畫面的順序和數量是彈性的，可依想展示的關鍵特點來決定。

設定

一般是登陸頁面、主頁、使用者儀表板（Dashboard）。

關鍵特點 *1*

用一至三張畫面說明價值創新最重要的互動。

關鍵特點 *2*

用一至三張畫面說明價值創新最重要的互動。

結果

幾張畫面表達產品如何解決使用者問題的結果，帶來什麼效益。

定價策略（如果有）

顯示 App 的費用、月費、套裝費用等。如果產品收益流來自廣告，那就要在前述畫面中，找個適當的位置把廣告放進去。

運用這個框架來準備使用者互動的大綱，並試著將可能有動作的畫面命名。大綱會幫助你以畫面數量以及需要的內容來確定原型的範圍。對於熟悉使用者流程的人來說，這是一個類似的概念；我們正在描述使用者經歷產品的旅程。但它還是有一點不同，因為原型的功能有限，我們可能需要透過關鍵特點設計出一條較短的旅程。

這是 Jessica 的原型大綱：

1. 主頁：使用者打開 App，並提示輸入目的地。
2. 目的地詳情：使用者輸入他們的公司地址、要在上午 8 點 45 分之前到達後，點擊「搜尋路線」。
3. 路線選擇：向使用者顯示最快的路線、風景最優美的路線、以及其他可以讓他們及時到達目的地的路線。他們選擇最快的路線。
4. 路線概覽：向使用者展示他們的行程概覽，描述步行、飛行、或使用其他公共交通工具的各個部分，以及價格資訊。他們點擊「出發」。
5. 步行路線：為使用者提供前往最近車站的步行路線。
6. 搭乘地點：詳細說明如何到達飛行機搭乘地點。
7. 付款：使用者已經擁有月票，因此他們選擇在此螢幕上點擊「使用月票」來使用它。

8. 登機指示：使用者掃描 QR Code，搭乘下一班到達的飛行機。使用者看看當前位置，從手機收到提醒下車時間。

9. 公車路線：使用者在公車站附近的一個飛行站下車。按照步行指示前往公車站後，他們收到下一班公車時間以及下車時間、地點的資訊。

步驟 2：開始使用原型工具，並盤點資源

選擇你習慣的原型製作工具，為大綱中的每個畫面建立空白畫板。依照後續用來顯示原型的裝置（桌機、平板、或手機）設定適當的螢幕比例。Jessica 選擇了手機的螢幕比例，以符合在路上使用 App 的通勤者手機。

可以在網路上找免費的 UI 套件 / 畫面來運用，就能加快原型設計。使用有完整 UX 和 UI 設計模式的工具包，這樣原型會看起來更專業、更真。在心裡記下原型的故事大綱，然後瀏覽網路上的 UI 套件，找出可能有用的元素或畫面。盡量先把相關的物件都下載下來，在進行步驟 3 之前，將元件整理好以便使用。

Jessica 找到了一些很棒的 UI 套件，包括用來預訂交通工具的（見圖 7-9）。

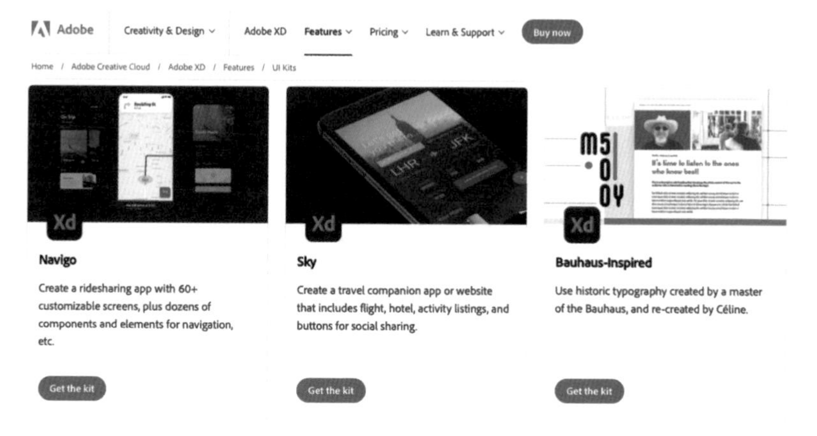

圖 7-9

Jessica 使用的 Adobe XD UI 工具包範例

步驟 3：製作原型所需的畫面

把搜集來的 UI 工具包中的 UI 元素放進每個畫板裡。接著進行排版，加上所需的圖像元素，以確保使用者能夠按照原型大綱中的描述來完成操作。調整顏色、格式和字體，讓設計看起來有一致性。對照競爭對手或 UX 影響者的畫面來檢視設計，這樣就不會遺漏重要的東西。一定要把畫面放到要測試的裝置上預覽，以確保圖像和文字大小比例正確。然後繼續下一個畫面，直到完成大綱中的所有畫面（圖 7-10）。

Jessica 把 UI 工具包中的元素放進畫面後，再稍微調整一下，加上所需內容，像是 Google Earth 地圖。她也把 UI 元素與自己設定的色彩計畫和字體搭配，讓設計看起來不會太普通。

步驟 4：讓原型動起來

設計好所有畫面後，就要想想要加上哪些動畫或互動來幫助人們理解價值主張。動畫的範圍可以從畫面之間的簡單轉場到電商交易的複雜模擬。也可以簡單展示一個關鍵功能的前後畫面，來讓顧客理解。也有可能不需要製作動畫。

互動也是如此。我曾為了向利害關係人展示，而花幾個月的時間製作功能齊全的原型，讓他們可以看到所有的功能，以願意支持。但若只是為了向顧客測試價值主張，通常只會讓他們從一個畫面滑到下一個就可以了。我都會建議學生，讓 Logo 直接連結到第一個畫面，方便重新開始。這對於讓非線性故事任務的使用者在要返回主頁以操作下一個關鍵功能時也很有用。要把原型上傳到雲端，事前測試，以確保操作經驗是流暢的。另一個快速原型測試的捷徑是在畫面上放一個大大熱點按鈕，以便順利進行。你看！完全不需要寫程式吧！（見圖 7-11）

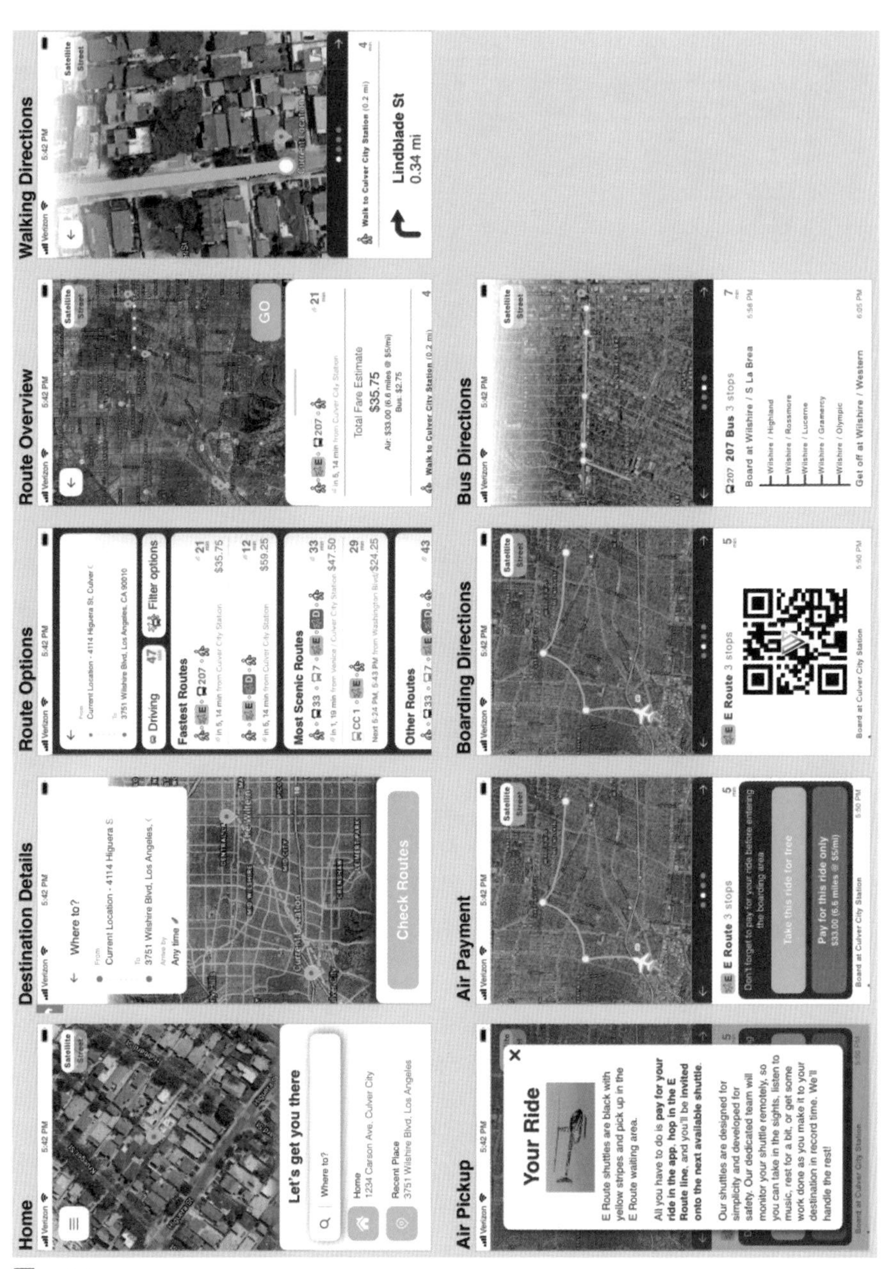

圖 7-10

Jessica 的原型畫面

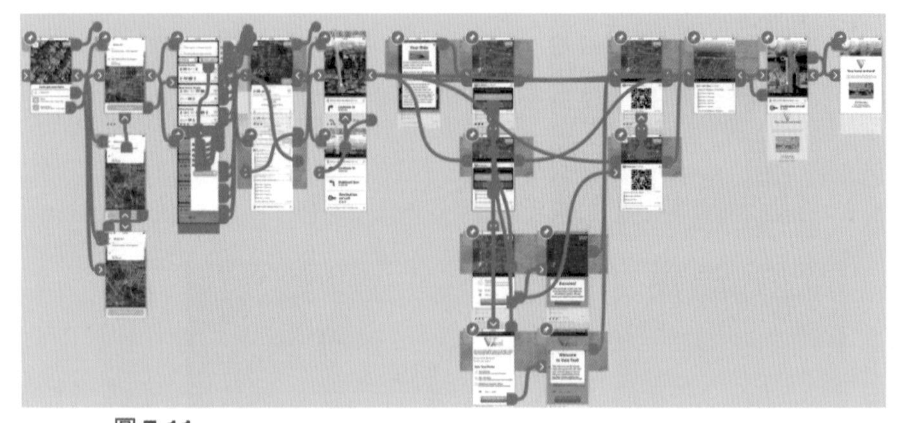

圖 7-11
Jessica 串連完成的原型（完整原型見 https://adobe.ly/2XcL3Or）

恭喜，你和 Jessica 都完成原型了！不需要好幾萬或好幾週、也不需要開發團隊就可以達成。下一步是確保在提供給潛在顧客測試時方便操作。可能是面對面在平板或桌機上測試，也可能在線上做，我們會在下一章中討論。

本章回顧

本章的啟示：千萬別在沒有人想要的產品上面浪費時間、金錢或心力。想辦法做測試來驗證使用者的想法，像是用自己的臥室衣櫃來試賣也行。

大多數測試得到的結果都是失敗的，重點是要反思結果，然後專注在有價值的收穫上。有時候，結果不見得非黑即白這麼絕對，因此，要在每次測試後和團隊一起整理和討論，獲得不同觀點。

在第 8 章中，會使用原型讓目標使用者參與線上使用者研究測試，並蒐集質化回饋。在第 9 章中，則會在登陸頁面測試中用原型的畫面來取得量化資料。

[8]

進行線上使用者研究

把握機會跨出一步。
犧牲睡眠並試圖去做。
即使挫折迎面而來。
一個觀點帶來更多漣漪。[1]

—歡樂分隊

進行快速測試，能立即在使用者身上驗證價值主張以及商業模式的假設。本章的重點是信念 3：實證使用者研究（圖 8-1），並討論如何進行線上質化研究。我們會運用第 7 章裡準備的原型來貼近真相，用開放的心態聆聽人們對產品的看法與感受。透過這類結構式的使用者研究，就能獲得對後續行動有利的洞見。

圖 8-1
信念 3：實證使用者研究

1 Joy Division, "Autosuggestion," Earcom 2: Contradiction (Fast Product, 1979).

2020 年時間軸：與瘋狂世界共處

以下時間軸（圖 8-2 至 8-4）描述了在美國 COVID-19 疫情初期所發生的大事件。除此之外，這段經歷讓我被迫迅速調整使用者研究的做法，以維護學生的安全。

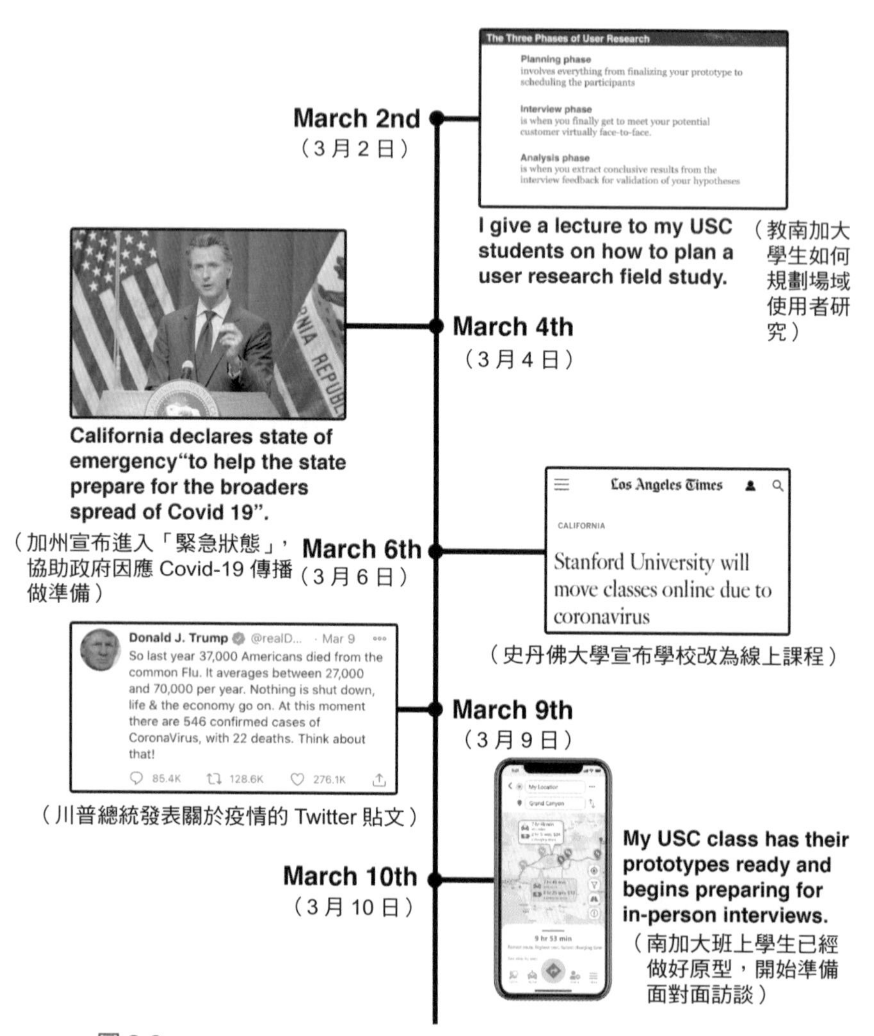

March 2nd
（3 月 2 日）
The Three Phases of User Research
Planning phase
involves everything from finalizing your prototype to scheduling the participants
Interview phase
is when you finally get to meet your potential customer virtually face-to-face.
Analysis phase
is when you extract conclusive results from the interview feedback for validation of your hypotheses
I give a lecture to my USC students on how to plan a user research field study.
（教南加大學生如何規劃場域使用者研究）
March 4th
（3 月 4 日）
California declares state of emergency“to help the state prepare for the broaders spread of Covid 19”.
（加州宣布進入「緊急狀態」，協助政府因應 Covid-19 傳播做準備）
March 6th
（3 月 6 日）
Los Angeles Times
CALIFORNIA
Stanford University will move classes online due to coronavirus
（史丹佛大學宣布學校改為線上課程）
Donald J. Trump @realD... · Mar 9
So last year 37,000 Americans died from the common Flu. It averages between 27,000 and 70,000 per year. Nothing is shut down, life & the economy go on. At this moment there are 546 confirmed cases of CoronaVirus, with 22 deaths. Think about that!
85.4K
128.6K
276.1K
（川普總統發表關於疫情的 Twitter 貼文）
March 9th
（3 月 9 日）
March 10th
（3 月 10 日）
My USC class has their prototypes ready and begins preparing for in-person interviews.
（南加大班上學生已經做好原型，開始準備面對面訪談）

圖 8-2

2020 年 3 月 2 日至 3 月 10 日時間軸

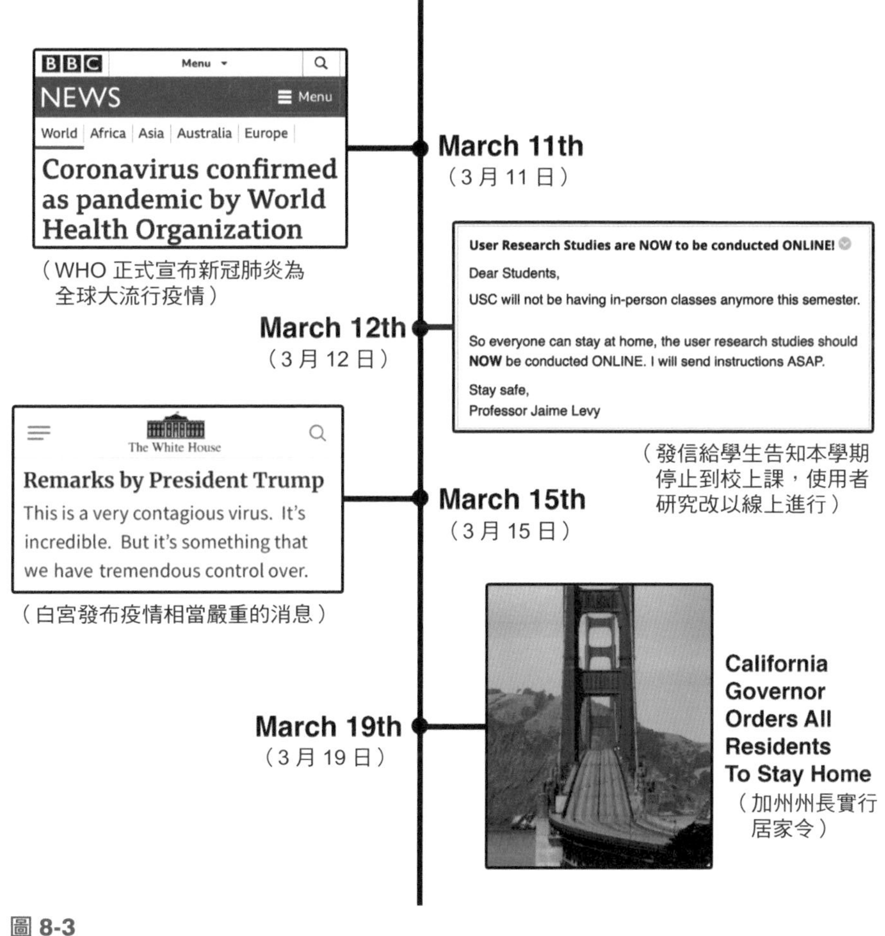

BBC
Menu
NEWS
Menu
World
Africa
Asia
Australia
Europe
Coronavirus confirmed as pandemic by World Health Organization
（WHO 正式宣布新冠肺炎為全球大流行疫情）
March 11th
（3 月 11 日）
User Research Studies are NOW to be conducted ONLINE!
Dear Students,
USC will not be having in-person classes anymore this semester.
So everyone can stay at home, the user research studies should NOW be conducted ONLINE. I will send instructions ASAP.
Stay safe,
Professor Jaime Levy
（發信給學生告知本學期停止到校上課，使用者研究改以線上進行）
March 12th
（3 月 12 日）
The White House
Remarks by President Trump
This is a very contagious virus. It's incredible. But it's something that we have tremendous control over.
（白宮發布疫情相當嚴重的消息）
March 15th
（3 月 15 日）
March 19th
（3 月 19 日）
California Governor Orders All Residents To Stay Home
（加州州長實行居家令）

圖 8-3

2020 年 3 月 11 日至 3 月 19 日時間軸

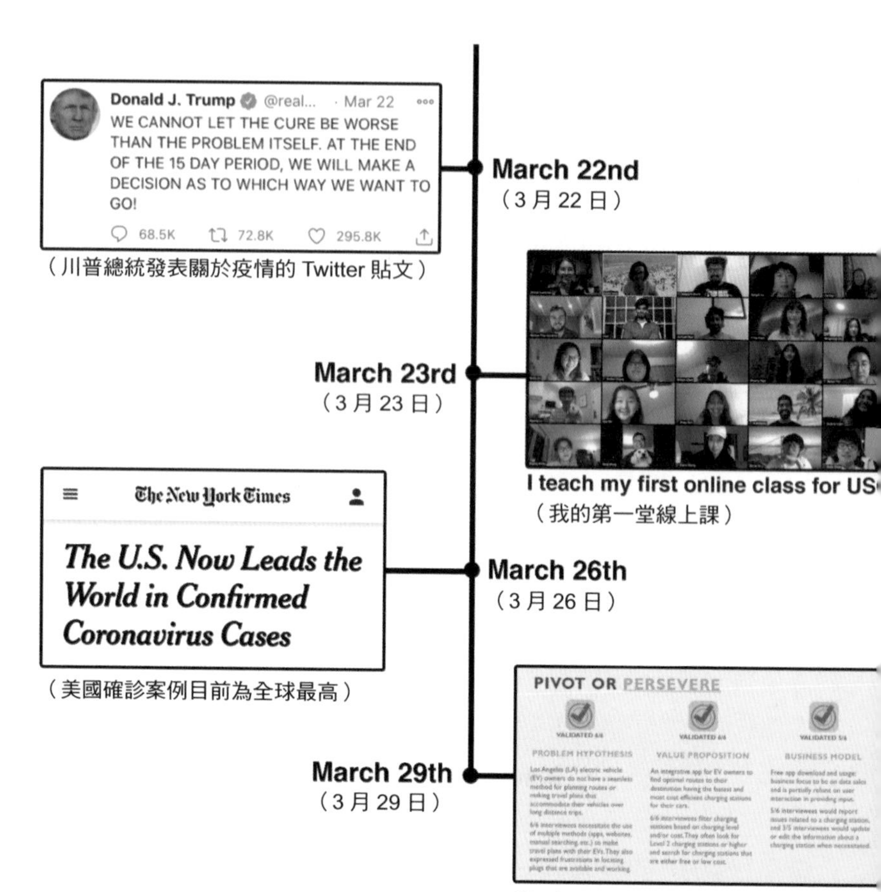
Donald J. Trump @real... · Mar 22
WE CANNOT LET THE CURE BE WORSE THAN THE PROBLEM ITSELF. AT THE END OF THE 15 DAY PERIOD, WE WILL MAKE A DECISION AS TO WHICH WAY WE WANT TO GO!
68.5K 72.8K 295.8K
March 22nd
（3 月 22 日）
（川普總統發表關於疫情的 Twitter 貼文）
March 23rd
（3 月 23 日）
I teach my first online class for US
（我的第一堂線上課）
The New York Times
The U.S. Now Leads the World in Confirmed Coronavirus Cases
March 26th
（3 月 26 日）
（美國確診案例目前為全球最高）
PIVOT OR PERSEVERE
PROBLEM HYPOTHESIS
VALUE PROPOSITION
BUSINESS MODEL
March 29th
（3 月 29 日）
Students submit their findings brief from their online user research, including the validation results
（學生提交線上使用者研究的成果報告

圖 8-4

2020 年 3 月 22 日至 3 月 29 日時間軸

經驗分享

- 即使在重大疫情期間，只要適應能力強，我們也可以找到新的方式來完成工作。
- 我原本擔心線上使用者研究無法獲得與面對面研究一樣品質的回饋。但是，事實證明，如果研究執行得當，回饋也會一樣好。
- 戴口罩、勤洗手、認真防疫！

使用者研究入門

使用者研究的目的是讓我們對目標族群的需求有完整的了解，讓產品價值主張有參考可循。UX 研究通常包括質化 / 量化兩種，兩者各有優缺點，要了解其中的差異性，才能決定產品和開發過程中，哪種研究方法適合。

量化研究目的蒐集可量測的資料點。這可以大規模進行，對於追求數字和關鍵績效指標（KPI）的利害關係人來說很重要。傳統方法包括易用性測試、網路分析、網路問卷調查、眼動追蹤、和 A/B 測試。易用性測試藉由實際觀察人們使用產品的過程來確認產品是否可行。在易用性測試裡蒐集的資料包括以下這些：

- 使用者是否順利在介面上執行任務？
- 使用者執行任務時，花了多少步才達成？
- 使用者花了多少時間來完成任務？

這些問題的答案很具體，有助於驗證產品的定位是否正確、使用者是否能找到重要的資訊、或導航字串的命名是否清楚易懂。以往，易用性測試通常會在一間有雙面鏡的實驗室或大公司內的場地進行，但現在我們可以用線上工具來做測試（例如 UserZoom 和 UserTesting），這些工具提供經濟快速的螢幕錄影，完整紀錄人們一邊表達想法、一邊操作產品或原型的過程。

相對地，質化研究則仰賴觀察和非數字的洞見蒐集，例如觀點和動機。質化研究更關注某些行為背後的原因，這種方法適合以開放式問題，深入了解顧客的痛點。這些發現可以帶來新的產品構想、改善產品功能。傳統的質化使用者研究方法包括焦點團體、情境訪查、和民族誌研究。

在自然場域中研究人的民族誌研究著重深度面向的探究，有點類似第 3 章 Alan Cooper 提倡的質化人物誌。我們來看看 Intel 的大師級人類學家 Genevieve Bell 博士是怎樣深度做這件事的。她曾主持一場研究，以蒐集開發中國家科技使用的情況，作為 Intel 未來晶片設計的參考。歷時超過兩年多的研究中，Bell 造訪了亞洲 7 個國家、19 個城市裡幾百個家庭，了解人們如何使用科技。在一場發表中，她提到一位在偏僻鄉村的婦人，這位婦人的家中沒有水電也沒有電腦，但她還是能定期與在外地唸書的兒子聯繫。這究竟是怎麼辦到的？原來婦人會走幾十公里去親戚家，請親戚幫她寄 Email，而她從來沒有碰過電腦！

這類使用者研究需要高度完整的情境式訪查才能做到。但即便我很佩服 Bell 博士深入的田野調查，和全面、洞見豐富的分析，我們的客戶通常並不會花這麼多時間或金錢在這類研究上。當我試圖估算花費時，航空旅程、飯店、每日花費、訪查筆記 ...... 真是讓我心頭一震。因此，我們需要用比較快速的方式進行質化研究，立即取得回饋，並把預算控制在美金 500 而非 50 萬。

就算是預算充足的客戶也應該考慮進行線上研究，因為這不只是省錢，重要的是能省下寶貴的時間，畢竟科技產業瞬息萬變，創新是捉摸不定的活動標靶，機會稍縱即逝。線上使用者研究可確保團隊能產出即時、有用、又聚焦的資訊。

執行不當的測試遠比失敗的測試更糟，因為什麼也沒學到。

在 UX Strategy 的第一版中，這章討論實地進行使用者研究的方法，概述我個人用來在可控制的測試場域及結構化框架內取得質化資料的策略。在這版中，我會介紹我在 Covid-19 疫情初期，由於加州封城而無法進行實地研究時，開發的一套相似的線上使用者研究方法。

我發現，對於由於距離或交通因素而不容易接觸客群的業界人士來說，進行線上使用者研究並不是什麼新鮮事。但是，因為疫情的關係，線上會議和協作工具已無處不在，Zoom 幾乎在一夜之間成為社交、工作、教育等的主流。經過幾次試誤，我找到了一套免費／便宜、也容易使用的新工具和平台組合，並且可以相互整合、簡化流程。

線上使用者研究的三個主要階段

線上使用者研究需要大量的協調整合。團隊要仔細確認流程中的每一步，並設定預備計劃。人可能不會有危險，但必須好好控制成本和時間！

我們從一個概述開始，了解每個階段所需的時間和花費。接著，我會以南加大學生專案作為案例研究，來說明每個階段的細節。

計畫階段（一至兩週，視團隊大小和受訪者數量而定）

計畫階段是三個階段裡最複雜的，因為在這階段裡，你要完成原型並招募受訪者。每件事都要考慮周延、計時演練過，你要進去、做完該做的事、然後取得成果後快速離開。

計畫階段包含以下步驟：

- 設定研究假設
- 準備訪談問題
- 線上招募受訪者

訪談階段（一至兩天）

訪談階段應該是最緊張刺激的一個階段，因為終於要在線上與潛在顧客見面，可以看到他們對構想反應如何。

訪談階段包括：

- 訪談前置準備
- 訪談
- 簡明扼要做筆記

分析階段（一至兩天）

分析階段是三階段裡最不複雜的，但仍然非常重要。別偷懶，因為要彙整訪談收到的資料，確定訪談的回應是支持或推翻了假設。最後，要根據分析的結果來決定後續最佳的執行方向。

計畫階段（一至兩週）

準備好了嗎？我們開始吧！

步驟 1：設定研究假設

在第一個階段裡，你要設定研究的假設，並確定要測試哪部分 UX 和商業模式。問問自己，「我要了解什麼，才能確定產品的市場接受度高且可行？」想想價值主張裡的假設，要與目標客群驗證什麼呢？

我們需要一個框架來確保過程是有所本的，畢竟這是一個結構化的研究！重新拿出〈UX 策略工具包〉，裡面有個〈使用者研究設計（User research Experiment Design）〉小工具，可以用它來產出使用者訪談的問題。

為了展示工具的用法，我要請另一位碩士生：產品經理 Nico 來示範。他的問題陳述如下：洛杉磯沒有車的居民沒辦法以時計費租車來趟小旅行或去附近辦事。和 Jessica 一樣，他完成了顧客探索、競品研究、故事板。他的價值主張是一個以時計費租車平台。他確認了以下關鍵特點：

1. 使用者可以從一個租車點取車，並在任一租車點還車，可以單程或來回租賃。
2. 使用者可以依距離瀏覽 100 英里內的可用車輛，線上保留 30 分鐘的預約。

當他把車輛共享平台原型準備好給顧客測試時，他就使用了這個工具，如圖 8-5 所示。

1. Value Proposition: A platform to rent electric vehicles on an hourly basis 2. Experiment Type: User Research Study with Prototype 3. Start/End date: March 2020	4. Experiment Details: Interviewing five people online that were recruited with a Craigslist ad and shown the prototype for feedback	
5. Hypotheses Below	**6. Validation Questions Below**	**7. Minimum Success Criteria**
Hypothesis # 1 (Value Proposition): Customer segment would like to rent a car on an hourly basis at least once a month because they need to run errands.	Can you envision a need for renting a car on an hourly basis? For what purpose? How frequently might you use the service?	80% positive feedback
Hypothesis # 2 (Business Model): Customer segment will pay at least $15 an hour to rent a car.	What do you think the right price would be to rent a car by the hour?	80% positive feedback
Hypothesis # 3 (Key Feature #1): Customer segment is more likely to use this service for one-way trips than for round trips.	Do you think you would use this service more for one-way trips or round-trips?	60% positive feedback
Hypothesis # 4 (Key Feature #2): Customer segment cares about the proximity of the car more than the car price/type/quality/year.	What is important to you for renting a car for a one-to-three-hour trip? Prompts: price, proximity, type of car, ease-of-use in terms of transaction	60% positive feedback

圖 8-5

Nico 填寫好的〈使用者研究設計〉小工具

以下是每個欄位的內容：

1. 價值主張：填寫簡短版本的新價值主張。Nico 使用了他在競爭分析中找出的價值主張。

2. 測試類型：大致描述測試類型，例如：「使用者研究」或「線上登陸頁活動」（見第 9 章）。Nico 將他的測試稱為「原型使用者研究」。

3. 測試開始／結束日期：填寫測試的實際日期／長度。Nico 在 2020 年 3 月用了三天的時間進行測試。

4. 測試細節：填寫重要的細節，例如研究中有多少受訪者、預計使用的工具、以及欲展示的概念驗證。Nico 寫下他計劃訪談的人數，以及要使用的招募工具。

5. 假設：如第 7 章所述，假設需要明確且可量測。對於使用原型測試商業構想的使用者研究，通常會同時測試多個與商業模式、價值主張、和關鍵特點相關的假設。從因果的角度思考：顧客會因為 Y 而做 X。或思考假設的可能性：比 Y 來說，顧客更有可能做 X。Nico 主要想了解他的客群是否願意充分利用他的服務，以利商業模式持續發展。這就是為什麼他的一個假設是「客群會願意至少付每小時 15 美金來租車。」

6. 驗證問題：這些問題的回答可以用來驗證或推翻假設。這個工具的主要目的是引導你好好設定這些問題，以便將問題放進使用者訪談中。對於 Nico 來說，每個假設都引出許多問題，要在原型展示時詢問使用者。

7. 最低成功標準：這是決定要有多少百分比受訪者認同，你和團隊才能繼續對這個概念有信心。此標準作為測試的斷點，是驗證或推翻假設的證據。因此，價值主張標準應該是最高的（80%）。Nico 希望價值主張和商業模式的假設獲得 80% 的驗證，每個關鍵特點至少獲得 60% 的驗證。

步驟 2：準備訪談問題

接下來，要將從〈使用者研究設計〉小工具產出的問題整理成一份完整的使用者研究訪談大綱。請記得，這裡的研究不是易用性測試，不是要改善設計，讓使用者更輕鬆完成任務。我們展示操作（也不一定要可操作）的目的，是要確認使用者到底想不想使用產品完成任務。要一步步引導受訪者，讓他們能給予口頭、真實、不經修飾的回饋。

要獲得這樣的回應，你要好好琢磨訪談問題內容、以及詢問的方式。圖 8-6 是一般訪談的流程。

圖 8-6

線上使用者研究訪談流程

以 Nico 的專案為例，我現在要引導你完成以上述流程為基礎的訪談大綱。當你要準備自己的訪談時，可以使用 UX 工具包中的「使用者研究訪談（User Research Interviews）」模板。在第 2 階段的訪談中，也可以用此工具來紀錄受訪者的回答。

請注意，訪談的長度取決於預算和原型的複雜程度可能會有所不同。在 Nico 的測試中，每次訪談的時間是 30 分鐘。

介紹（1 分鐘）

先分享研究目的，並告知受訪者你需要他們誠實的回饋。請受訪者自在大聲說出他們的想法，以取得更多資訊（放聲思考法）。如果有錄音，要告知對方會怎麼使用這些錄音。告知受訪者會在訪談結束時提供酬勞，並感謝他們的花時間參與。Nico 的介紹如圖 8-7 所示。

INTRO (1 MIN)
Hi <name> I'm Nico. I am conducting this study because my team wants to learn from non car-owners about how they access or rent cars for short periods of time. You can help us the most by giving us honest feedback to the questions. Please think out loud as you use the product. I did not design the prototype so feel free to be critical. The recording of it is just for note-taking purposes and will never be distributed publicly. We are assessing the product, not you, so if you don't know the answer to a question, that's okay. You will be paid at the end of the interview. Thank you so much for helping us with this study.

圖 8-7

Nico 的使用者研究訪談介紹

開場（3 至 5 分鐘）

開場問題的重點是要讓受訪者進入對的狀態，這樣當他們之後操作原型時，就能對脈絡有所理解，做好心理準備。一種方法是在你向他們展示原型之前。首先從第 3 章訪談時發現的痛點開始，詢問他們在上一次遇到痛點的經歷。請他們描述發生的過程，了解如何解決這個痛點。了解他們是否有使用直接競爭對手的解決方案的經驗、對競品熟不熟悉。如圖 8-8 所示，Nico 的開場問題詢問受訪者之前短期租車的經歷。

SET-UP (3-5 MINS)
Can you tell me how you get access to a car for a short period of time (couple of hours to a day)?
What are the issues you have encountered when you need to get a car for a short period of time?
Have you tried any car-sharing services (i.e., Turo), and can you tell me about the experience?

圖 8-8

Nico 的使用者研究訪談開場問題

展示原型（20 分鐘）

當你把雲端原型的連結傳給受訪者時，就是答案揭曉的時刻。因為是使用 Skype、Zoom 或 Google Meet 等會議工具，所以要請他們打開原型後與你分享螢幕。透過這種方式，你就能在他們與原型互動、點擊時進行觀察。他們一邊點擊，你要一邊引導他們瀏覽原型中的每個畫面。圖 8-9 是 Nico 原型的前幾個畫面。

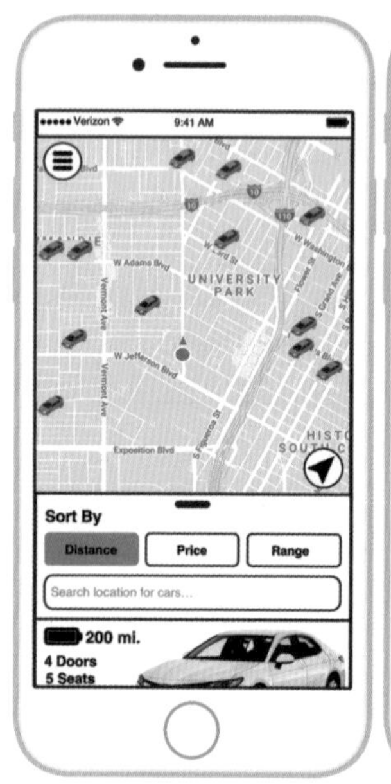

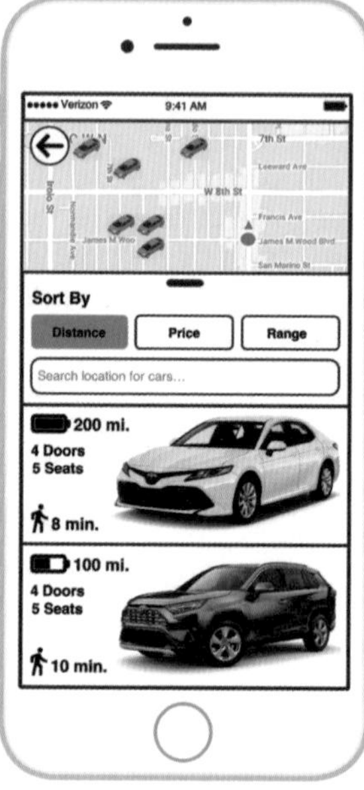

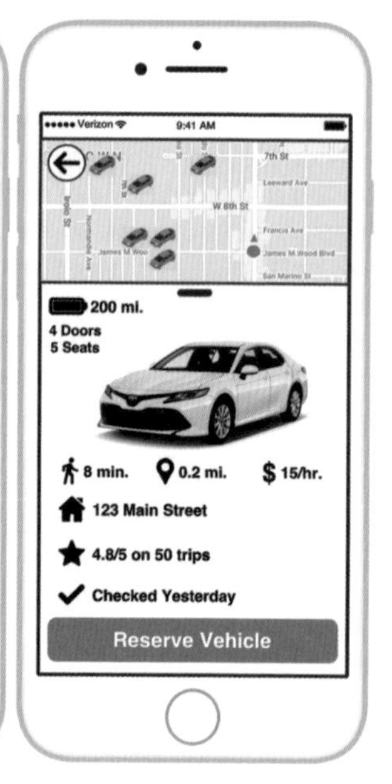

圖 8-9

Nico 的車輛共享原型 Ourly 的前幾個畫面

當向受訪者顯示第一個畫面時，要給他們一個任務，讓他們心中有個初始目標，像是「請你預約一部車」或「請你預訂一個婚宴套裝」，要保持情境的通用性，以便在他們操作原型的過程中，詢問偏好和需求的具體問題。

為了取得這些細節資訊，你要準備原型測試中每個畫面相關的問題。某些畫面因為沒有重要的內容或功能，例如啟動顯示畫面，可能就沒有問題。但一般來說，應該要在每個畫面上至少想一個問題，以確保受訪者理解他們所看到的內容。例如，第一次顯示畫面時可以問的問題可能是「你覺得你可以在此畫面上做什麼？」沒錯，雖然這是一個易用性類型的問題，但仍有助於受訪者專注於自己的使用者旅程。像這樣的問題也可以帶來有用的洞見，幫助你發現設計中讓受訪者感到困惑的部分。因為真正的潛在顧客就在你眼前，千萬不要因為原型不夠完美而錯過了任何東西。

以下是一些注意事項：

- 要詢問能鼓勵受訪者思考你解決方案的訪談問題。
- 要請受訪者放聲思考。
- 要從開放性的問題下手，再視情況給予暗示和提示來驗證假設。
- 要使用提示讓使用者與你分享他們的思考過程。從詢問中，了解你的解決方案對他們可行或不可行的理由和原因。用他們熟悉的幾個心智模型來說明，讓原型有脈絡可依循。
- 要閉上嘴好好聆聽（盡可能少說話）。
- 不要問引導式的問題。別告訴受訪者該怎麼想，或為了驗證回饋，而美化他們的原始回饋。
- 不要強迫受訪者跟你一起幫產品做概念發想，讓他們感到為難。
- 不要想證明或對解決方案多做解釋。
- 不要顯現出強烈的情緒，控制好自己的反應。
- 不要問智力測驗的問題——例如：「你覺得地圖上的藍色小車代表什麼？」通常，問題的好壞，差別只在於是否為引導問題、是否有助於量測。問這個問題的更好方式是「你在這個畫面上有沒有注意到什麼？」然後看看他們是否指出那個藍色小車。在向使用者提出任何問題之前，也要說明一下畫面的脈絡，例如：「現在你已經開進還車處的車道。」

圖 8-10 是 Nico 在前幾個畫面上的問題。畫面 2 的問題以某種方式結構化，因此它不是引導的，也能量測。畫面 3 的最後一個問題是關於定價。業界對於是否應該詢問顧客願意付多少錢，一直有激烈的爭論。顧客可能會低估，或根本不知道。也就是說，大略了解顧客覺得要付多少錢可能有助於設定行銷和定價策略。

PROTOTYPE DEMO (20 MINS)
Screen 1 - Home/Search
I would like you to reserve a car for a couple of hours. Look at this first screen; tell me how you would go about selecting a car.
What types of things might you do with a short-term rental?
Screen 2 - Search Results
Looking at the filters, can you rank them in order of importance to you? (key feature #2 validation)
Screen 3 - Item Detail
Is there any information missing from this screen that you would want to know before renting this car?
Do you think that the price per hour is high or low for renting a car? (business model validation)

圖 8-10

Nico 前幾個畫面的訪談問題

驗證假設（3 至 5 分鐘）

詢問〈使用者研究設計〉小工具中所列出，沒問過或沒有明確回答的驗證問題。有時最好在受訪者第一次看到相關畫面時提出，但有時，應在他們看到整個原型、理解整個概念之後再詢問。Nico 在訪談過程中詢問了商業模式和主要特點。但他還需要問一些更直接的問題，以確認商業模式是否可行。

圖 8-11 是 Nico 為了了解潛在顧客會如何使用服務所提出的問題。

HYPOTHESES VALIDATION (3-5 MINS)
Can you envision a need for renting a car on an hourly basis? (value proposition validation)
How frequently might you use this service? (value proposition validation)
Do you think you would use this service more for one-way trips or round-trips? (key feature #1 validation)

圖 8-11

Nico 的假設驗證問題

收尾（2 分鐘）

在訪談結束時，一定要明確稱呼受訪者的名字並表達感謝，告知對方你很重視他們的誠實回饋，並詢問是否有機會在未來發展產品時，進一步與他們聯繫。然後在訪談進行中或結束之後立即支付受訪酬勞。

演練、進行前測

現在要來進行線上訪談演練，這能幫我們確認原型和問題是否能一起順暢連動。可以請同事或朋友扮演受訪者，但是直接招募和訪談一位真正的參與者會更有利，這樣你就可以評估整個過程。也許會發現招募廣告需要微調，也許篩選問題並沒有排除那些為了參與研究而撒謊的人，也許在原型中碰壁，或某個問題讓受訪者感到困惑。透過與一名受訪者進行前測，就能在進行更大的研究以驗證假設之前發現這些問題。請記住，控制型測試需讓受訪者之間保持一致性，因此在驗證假設時，應該將該前測受訪者的回答與其他受訪者分開。

對技術問題做準備

一定要對技術、設備做個整體檢查，對訪談過程中所有可能出錯的問題做準備，包括：

- 網路連線不佳
- 鏡頭或麥克風效能低，導致聲音或影像品質不佳
- 無法分享螢幕畫面
- 無法儲存螢幕錄影
- 原型無法完美運作
- 受訪者還沒有下載視訊軟體
- 燈光、視訊鏡頭角度、或背景看起來不專業

想出一個預備計劃，以免訪談過程中出現技術問題。在最糟的情況下，你還是可以隨時打給受訪者，繼續訪談。即使電腦沒壞，也可能仍需要調整計劃。例如，Nico 在招募過程中表示，受訪者需要自備電腦。但還是有些人用手機參與視訊，說無法分享螢幕。在遇到幾次這樣的狀況後，他便提前提醒受訪者要從電腦上操作。

步驟 3：線上招募受訪者

如果想在短時間內進行多次設計迭代，最好一開始找少一點（即 5 名）受訪者。這樣一來，若發現沒有任何人驗證任何假設，測試效益就更高、更容易進行調整。如果客群存在很大差異，可能需要考慮從較大的樣本數量開始。當你找到目標顧客有感的方向時，再來增加樣本數量。

要招募到對的人，你必須確認過客群，因為要訪談代表此客群的對象（見第 3 章）。了解他們是誰是很重要的，因為這能讓我們著到如何招募、在哪裡招募、如何篩選候選人、何時安排訪談。例如，如果要招募學校老師，可能會從 Facebook 上的老師社團裡招募，並將訪談安排在晚上或週末。刊登招募廣告的地方也取決於受訪者類型和預算。如果找了目標客群之外的人，那就可能會得到無效的測試，而需要重新開始。

受訪者酬勞

我建議一定要提供受訪者酬勞，畢竟此時此刻，是他們在幫助我們設定策略。支付的費用的多寡取決於對象本身，和他們對空閒時間看重的程度。像是與醫生訪談，就可能需要比其他客群更高費用。擬定的費用要足以找到值得的受訪者，但也要保持在專案的預算之內。根據市場客群，思考哪種付款方式對受訪者最方便——例如，如果有些人討厭 Amazon，他們不會想要 Amazon 禮品卡。由於 Nico 訪談的是千禧世代，他決定用 Venmo 來支付費用。在訪談之前，他確定這個想法，並取得受訪者的帳號。然後在訪談後，結束通話前轉帳 15 美金。積極主動，就能聚焦在研究上。

刊登招募廣告和篩選受訪者

如果公司無法聘請專業招募公司，有很多方法可以招募受訪者。以下是可用來刊登廣告的免費平台：

Craigslist

有刊登廣告的免費類別，但如果想在短時間內獲得大量回覆，可以付費將廣告刊登到「演出」類別。

Facebook

可以用 10 美金的價格做精準投放廣告，或發布到相關社團。

Reddit

尋找相關活躍社群來發布。例如，Nico 可以從「r/Turo」社群招募，因為此討論板中的主題就是汽車共享服務 Turo。

LinkedIn

發布到你的 LinkedIn 主頁或特定群組。也可以直接私訊，加入招募訊息。這對於尋找科技產業的專業人士特別有用。

Twitter

用 # 標籤來發布訊息，或用 @ 符號發給指定帳號，看有沒有機會被特定群組或追蹤者轉發。

微信

在群組中發帖並在朋友圈上分享。請朋友在他們的朋友圈上轉發，以接觸到自己微信群之外的人。

Discord

在公開社群（「伺服器」）內的相關頻道中發布消息 / 傳訊息。這個平台特別適合用來尋找喜愛遊戲、流行文化的年輕人。

也可以請朋友推薦符合招募客群的朋友。若是找家人或認識的朋友，要小心潛藏的偏見。對於 B2B 產品，有時可以請客戶來找受訪者，或使用表格在客戶的網站上蒐集潛在顧客。

Nico 最後在 Craigslist 的 gigs 類別招募受訪者。發布廣告花了 10 美金，但他收到超多回覆，甚至不必打電話給全部受訪者。

準備招募廣告

招募受訪者的廣告要簡單明瞭，以下是一個基本的廣告架構，提供你運用：

標題

線上使用者研究：招募有〈某類型客群〉。預計時間〈多少〉分鐘，提供〈多少〉酬勞。

內文

我們正在開發一款可以幫助你〈大略產品概念〉的〈產品類型〉。我們正在招募〈更精確的某類型客群〉參與一場付費的線上訪談研究，提供我們回饋。您必須是〈與已確認人物誌相符的重大要求〉。訪談將在〈某日期〉進行，時間是〈某時至某時〉。

本研究需時〈多少〉分鐘，將使用線上視訊平台〈Zoom、Google Meet、任何其他平台〉進行，因此您需要有視訊鏡頭和網路的電腦。完成訪談後將提供酬勞〈多少〉元，以〈支付方式，如 PayPal、Venmo、Amazon 禮品卡等〉支付。

結語 *-1*

意者請與我們聯絡，並提供聯絡資料，以及方便聯絡您的時間。

結語 *-2*

意者請點擊連結，填寫此篩選問卷〈問卷連結〉。

你可以根據研究的需求調整這個架構，圖 8-12 是 Nico 的招募廣告。

招募廣告的麻煩之處在於，你需要提供足夠的資訊，但又不能揭露太多細節，以免有人為了參與而撒謊亂寫、配合廣告中需要的內容。如果其中的一個受訪者不屬於你的客群，這個研究就不是「控制性」的測試，因為變數就錯了。這就是招募公司收費很高的原因，他們幫你剔除不對的人選，並篩選出正確的人選。

如第 3 章所述，篩選問題是找出正確受訪者的好方法。一個好技巧是提出一個只有正確的客群才能不用 Google 就能快速答對的重點問題。把招募工作想像自己是偵探，要努力辨別某人是否真正符合客群。

對於婚禮 Airbnb 而言，我們希望找到準新人。當有人回應廣告時，我們會問他們最近考慮過哪些婚禮場地。如果他們在 30 秒內說不出至少兩個，就感謝他們的時間並結束通話。若只是將篩選問題 Email 給他們，他們就能上網找答案，篩不出真正的受訪者。

Looking for people to give feedback on a new carsharing app (PAID)

Hi! I work for a startup that is developing a mobile app that allows individuals to rent cars on an hourly basis. I am looking to interview Los Angeles residents ONLINE about the product to get your honest feedback and test a prototype. You must have a valid driver's license.

The interview will take about 30 minutes and will be conducted over video conference (using Zoom which is free to download), so we can all stay safe at home. However, you will need to have a webcam on a computer and a decent Internet connection. The interview will take place on Saturday, March 28th during the day and we can book the exact time after we talk. Participants will receive $15 via Venmo for compensation. If you are interested, please reply with your phone number and a good time to reach you to further discuss this opportunity.

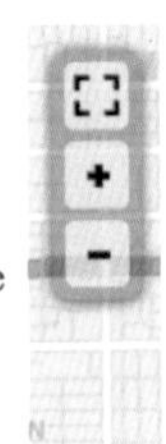

圖 8-12

Nico 的 Craigslist 招募廣告

因為有請對方留下電話和方便聯繫時間，Nico 會致電給對方，詢問以下兩個重點問題：「您上次租車是什麼時候？」和「您通常租車時間多久？」他不想透露他正在尋找有一兩天短租經驗的人。在通話結束前，他告知對方，如果有被選中會收到 Email。

你也可以使用問卷平台（Google Forms、Alchemer、Typeform、SurveyMonkey 或 UserInterviews.com）來預先篩選潛在受訪者、確認對方的時間、並確保他們有視訊會議所需的設備。一些平台還可以設計定時問題，可以用來問重點問題，但這沒辦法防止想賺錢的人用第二個電子郵件地址來回覆問卷。這就是為什麼你應該要打電話給受訪者，向他們詢問至少一個重點的篩選問題。千萬不要浪費時間和金錢去訪談錯誤的對象。

對潛在受訪者打分數

當有人回覆時，你應該在〈UX 策略工具包〉的〈研究招募（Study Recruitment）〉選項欄位中記下他們的姓名、聯繫資訊、以及對篩選問題的回答，將人選整理清楚。你可以在圖 8-13 中看到 Nico 填寫的範例（圖中姓名和聯繫方式已做修改）。

USER RESEARCH STUDY RECRUITMENT TOOL									
Name	Phone Number	Email Address	Availability	Status	Time Booked	Rating 1-3 based on if they are appropriate for the study (3=yes, 2=maybe, 1= no)	When was the last time you rented a car?	How long do you usually rent a car for?	Additional Notes
Ian Curtis	310-949-1686	icurtis@gmail.com	All day Saturday	Confirmed	9:50 AM	3	last month	2 days	
Peter Hook	213-366-7950	pete_h@yahoo.com	Any time after 11AM	Confirmed	12:00 PM	3	last week	day trip	
Deborah Woodruffe	424-361-3483	debw76@hotmail.com	All day Saturday	Confirmed	2:40 PM	3	last month	3-4 hours	
Stephen Morris	661-758-7844	morris1964@gmail.com	1PM Saturday	Confirmed	3:30 PM	3	last weekend	1 hour to a weekend	
Cate Le Bon	213-411-5331	catecat31@yahoo.com	All day Sunday	backup		2	4 months ago	10 days	
Kurt Cobain	818-746-2776	kurtco@yahoo.com	All day Sunday	backup		2	2 months ago	5 days	
Pete Shelley	626-306-8945	p.shelley@gmail.com	Not provided	backup		2	2 months ago	2-3 weeks	Sounded like he was lying
Mark E. Smith	805-506-3931	emsmith5656@gmail.com	All day Saturday	backup		2	last summer	2 weeks	Was rude
Kim Gorden	424-369-5253	kimmie9d@gmail.com	All day Saturday	awaiting response					
Bernard Sumner	310-679-1438	bernard2323@mac.com	10AM Saturday	awaiting response					
Patti Smith	323-824-2323	patti4386@gmail.com	All day Saturday	awaiting response					
Steve Albini	818-368-4577	steve.albini@gmail.com	Sunday 1:30PM-8PM	need to contact					
Deborah Harry	626-869-3883	debharry@hotmail.com	All day Sunday	rejected		1	never		

圖 8-13
受訪者篩選和時間安排

在致電聯繫時，填寫剩下的篩選問題，同時更新狀態（需要致電、等待回覆、確認、備用、拒絕）。最重要的是，根據受訪者在研究中的適合程度，給予 1（否）、2（可能）或 3（是）的評分。

在聯繫完成之後，根據評分重新排列受訪者列表，把最適合的人排在最前面。這時應該至少有 5 至 10 名獲得 3 分資格的人選了。如果沒有，可以考慮在不同的平台上刊登另一則廣告 / 付費廣告。Nico 對平均租期較短，且在他選擇的日期和時間內有空的人給予較高的評分。

安排訪談時間

現在要來聯繫這些人，安排訪談。可以手動處理，或使用時程安排工具（Calendly、Acuity 或 Doodle）。約 1-2 天後進行訪談，安排每位受訪者之間至少間隔 30 分鐘的緩衝時間，以防時間超過或受訪者遲到，也可以安排比原訂人數更多的受訪者，以防有人取消或放你鴿子。Nico 為每場受訪者間隔了 30 分鐘的緩衝時間，用空檔時間想一下剛剛聽到的內容，並為下一場訪談做準備。當他用電話篩選受訪者時，他有順便詢問對方有空的時間。然後，再透過 Email 告知受訪者最後安排的訪談時間。

無論要怎麼跟受訪者確認，都應該在訪談前用 Email 說明和更詳細的資訊，以便他們能做好準備。

這封 Email 包含以下說明：

1. 請下載線上視訊會議工具（Zoom、Google Meet 或任何欲使用的平台），把下載連結一起放進去。

2. 請先測試視訊鏡頭和麥克風，確認都沒問題。

3. 請在一個安靜且網路連線良好的地方參與訪談。

4. 在操作原型時，會需要請您分享螢幕畫面。

5. 訪談將會錄影（錄影只供研究紀錄使用，絕不會外流）。

確認約好所有受訪者後，將姓名和聯繫資訊放到〈使用者研究訪談（User Research Interviews）〉模板上，問題右側的欄位中。

在許多國家／地區進行訪談時，會需要同意書或線上問卷的同意勾選匡的書面許可。在進行之前，請與公司的法律部門確認。

現在，準備要開始訪談了！

訪談階段（1 至 2 天）

準備上場了！一切都需要像鐘錶般精確運行，像芭蕾舞般流暢，所有設備都要正常運作，視訊會議軟體必須穩定運行，原型展示和問題要搭配同步，時間表必須考慮到遲到或被放鴿子的可能。無論如何，戲得照演。

訪談前的設備設定

關閉所有不需要的聊天室和程式、關閉各種通知、隱藏所有個人資訊或斷章取義會冒犯人的資訊。打開視訊會議軟體，重新測試相機和麥克風，確保角度、燈光、和顏色對比良好。仔細檢查背景，確保沒有任何分散注意力或不專業的東西，如果空間中有孩子或其他人，請告知對方不要打擾。如果受訪者在訪談或操作原型時遇到問題，請用網頁瀏覽器打開原型。打開〈使用者研究訪談〉試算表，準備好開始做紀錄。圖 8-14 是線上使用者訪談的桌面標準配置。

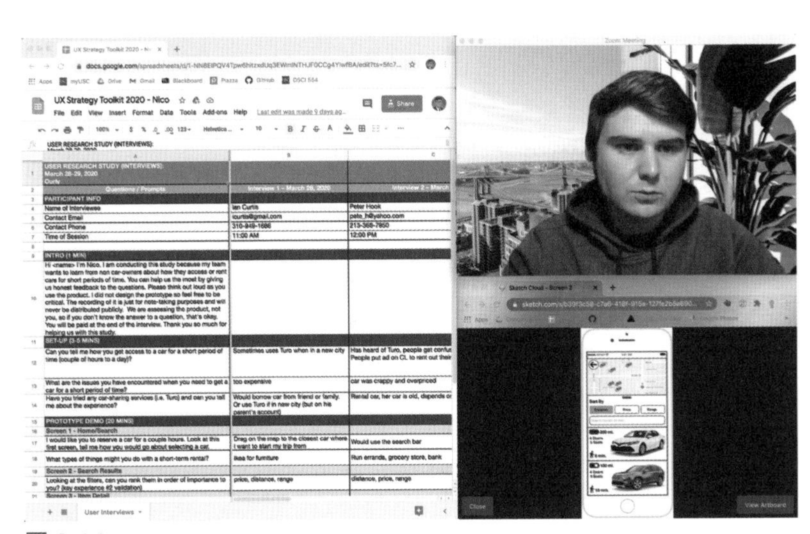

圖 8-14

Nico 線上使用者訪談時的桌面配置

進行訪談

進行成功的訪談並獲得豐富有價值的洞見是一門藝術，要靠不斷實地演練來精進，想了解更多，請參考 Steve Portigal 的《Interviewing Users》一書[2]，這是一本非常有用的訪談入門書，專門介紹進行使用者研究的訪談方法。若你比較害羞，或是訪談新手，可以先找團隊成員或朋友練習。

以下是線上使用者研究訪談的基本準則：

- 用微笑來招呼受訪者，並立刻謝謝他們的幫忙。
- 別用閒聊來開場，要保持專業。可以在對談時建立關係。
- 介紹訪談的目的，然後開始進行的開場問題。注意留足夠時間來展示原型。
- 在開場問題後，傳送原型的連結，並請對方分享螢幕畫面。
- 跟著訪談大綱走，若有需要探測更深入的想法，再追問其他問題。
- 訪談時，發生片刻的沈默沒關係。別不小心說出引導的話，可以提供一些中立的提示，例如，「你覺得怎麼樣？」或者「你覺得應該是怎麼樣？」
- 記下任何特別強烈的意見或想法。
- 如果受訪者在訪談過程中看起來有點分心（像是在上網、看手機），請禮貌地詢問是否有其他更方便的時間進行訪談。
- 在訪談的最後，向受訪者道謝，並表示對方的意見非常有幫助。詢問是否有機會後續有問題時聯繫對方。除非受訪者在你表達感謝後繼續提供有用的意見，否則按時結束。
- 可以在兩場訪談之間稍微修改問題（改寫語意）和原型（修正明顯的錯字），特別是很多人都會卡住的問題上，快速調整。但是，在完成受訪者的訪談之前，不要過度修改原型展示或問題。否則，這就不是對照實驗，無法在受訪者之間進行比較，也不能量化成果。

---

2 Steve Portigal, Interviewing Users (New York: Rosenfeld Media, 2013).

錄影／錄音

在第一版中，我建議在面對面訪談中避免使用錄音設備，以免讓受訪者感到焦慮。但是，線上訪談的美妙之處在於，錄音不會讓人覺得有侵入性，而且更容易記下受訪者的臉部表情和原型的使用情況。讓受訪者知道錄音僅供參考，不會外流，會減輕受訪者的壓力。

請務必在錄音或錄影之前取得許可。在許多國家／地區進行訪談時，會需要同意書或線上問卷的同意勾選匡的書面許可。在進行之前，請與公司的法律部門確認。或者，可以在網路上找到同意書範例。

訪談後錄影／錄音有很多用途。可以從中提取引述，並加上在會議期間錯過的筆記。也可以製作精彩片段與團隊和利害關係人分享，讓他們看到證據。如果視頻會議平台沒有螢幕錄影功能，就使用外掛工具。

做筆記

使用試算表做筆記的原因，是為了在分析階段前就整理好資訊，如第 5 章所述。即時紀錄很重要，因為重新播放好幾個小時的錄影或錄音會花費大量時間。如果不錄影，即時紀錄就更重要。此外，若使用 Otter 或 Rev 等第三方軟體來轉譯錄音檔，會要支付大約每分鐘 1 至 2 美金的額外訂閱費，加起來是很驚人的。請記住，我們的目標是進去、取得原型要的答案、然後盡可能花很少的時間和金錢的情況下退出。你也可以請另一個人在視訊時做筆記，這樣就可以與受訪者保持互動，但是受訪者可能會因為有別人觀看而感到更緊張。

筆記寫錯字沒關係，之後再修正就好，試著把受訪者回答的內容用簡短的字句做重點摘錄。聚焦訪談問題的答案，以及受訪者在觀看畫面時，表達出的強烈口頭或肢體反應。在訪談結束，還清楚記得內容時，寫下想法或洞見。圖 8-15 可以看到 Nico 迅速地記下這些筆記。

Questions / Prompts	Interview 1 @ 9:50AM	Interview 2 @ 10:50AM	Interview 3 @ 12:00PM
Screen 13 - Trip Summary			
If you had a rental car for just a couple of hours, how many miles do you think you would drive?	40-60 miles	40 miles	10-20 miles for city driving, 75-150 miles for longer trip
Screen 14 - Host Portal			
Would you consider renting out your driveway to one of the fleet vehicles?	Yes, would consider being a host	Yes, but it depends on how much she got paid	Yes, because when she gets to drive it, it would be convenient
Other than being compensated for renting out your spot and having personal access to a car, is there something else that would convince you to be a host?	Security clause so the host knows what to expect	The access is not a big deal since she could walk close by and get a car	Testimonial upstream to encourage people to be a host

圖 8-15

Nico 線上訪談的筆記片段

分析階段（1 至 2 天）

要在分析階段綜合所有訪談的回饋，以決定團隊的後續行動。使用者研究驗證或推翻了原有的假設？測試是否因為執行不夠嚴謹而失敗？有發現商業模式也許不可行嗎？我們的目標就是要運用分析，作為調整方向或繼續執行更多測試的決策基礎。

在訪談中或結束後，也可以在紀錄試算表上標記顏色，讓分析更好進行，像第 5 章分析競品時一樣。比如說，如果答案沒有驗證假設，就標記為紅色；有驗證的標記為綠色；用橘色代表原型的快速修正；非常重大的洞見可以標記黃色。用自己的邏輯來上色，或使用質化資料分析軟體（例如 Quirkos）。

在每次訪談後，立即填寫分析欄位！

模板下方是〈分析欄位（Analysis Section）〉，如圖 8-16 所示。你可以在此追蹤受訪者是否驗證個假設。要記住，最重要的事情是在每次訪談後，在記憶猶新時，立即填寫分析欄位。如果等到所有的訪談都做完才分析，總結可能會偏向正面的驗證。

ANALYSIS SECTION	Validation summary		
Did the partipant validate key feature 1? (yes or no)	no	yes	yes
Did the partipant validate key feature 2? (yes or no)	yes	no	yes
Did the partipant validate the value proposition? (yes or no)	yes	yes	yes
Did the partipant validate the business model? (yes or no)	yes	yes	yes

圖 8-16

用分析欄位歸納假設驗證的結果

檢視與每項假設相關的回應，並用二元答案「是」與「否」作結。如果在訪談中就每個假設提出精確的問題，這應該很容易。如果出現有任何「可能」的答案，那麼應該考慮用更決定性或更深入的問題來重新研究。

這種二元總結的最終目標，是將質化回應轉為量化且可量測的結果。檢視每一行，並將驗證某假設的受訪者數量相加，然後將總和除以受訪者總數，再將數字轉換為百分比。將百分比與〈使用者研究設計〉小工具中的預設標準進行比較。例如，若只有五分之二的受訪者表示願意為你解決方案付費，這相當於商業模型達到 40% 的驗證。如果設定的最低成功標準是 80% 的驗證，那麼很抱歉，此商業模式不成立。

展示成果

當你向利害關係人展示研究成果時，最好保持簡短，同時將內容與蒐集的資料相互連結。從解釋研究專案的目標開始，說明欲測試的假設。接下來說明如何執行這項研究：地點、時間、受訪者人數。包括任何可能有助於描述脈絡的圖像，例如照片或影片剪輯，也可以加上引述或其他發現。重點是，要提出關鍵發現，在適當之處放上百分比和比率。這些成果也要支持你的行動建議和後續步驟。

如圖 8-17 所示，Nico 達到了他的成功標準，他的價值主張和商業模式獲得了 80% 以上的認可。他還發現，一些受訪者偏好會員制模式。根據他的發現，Nico 放棄了來回租車構想，轉而優化租賃電動車。他還為常客設計了會員制。

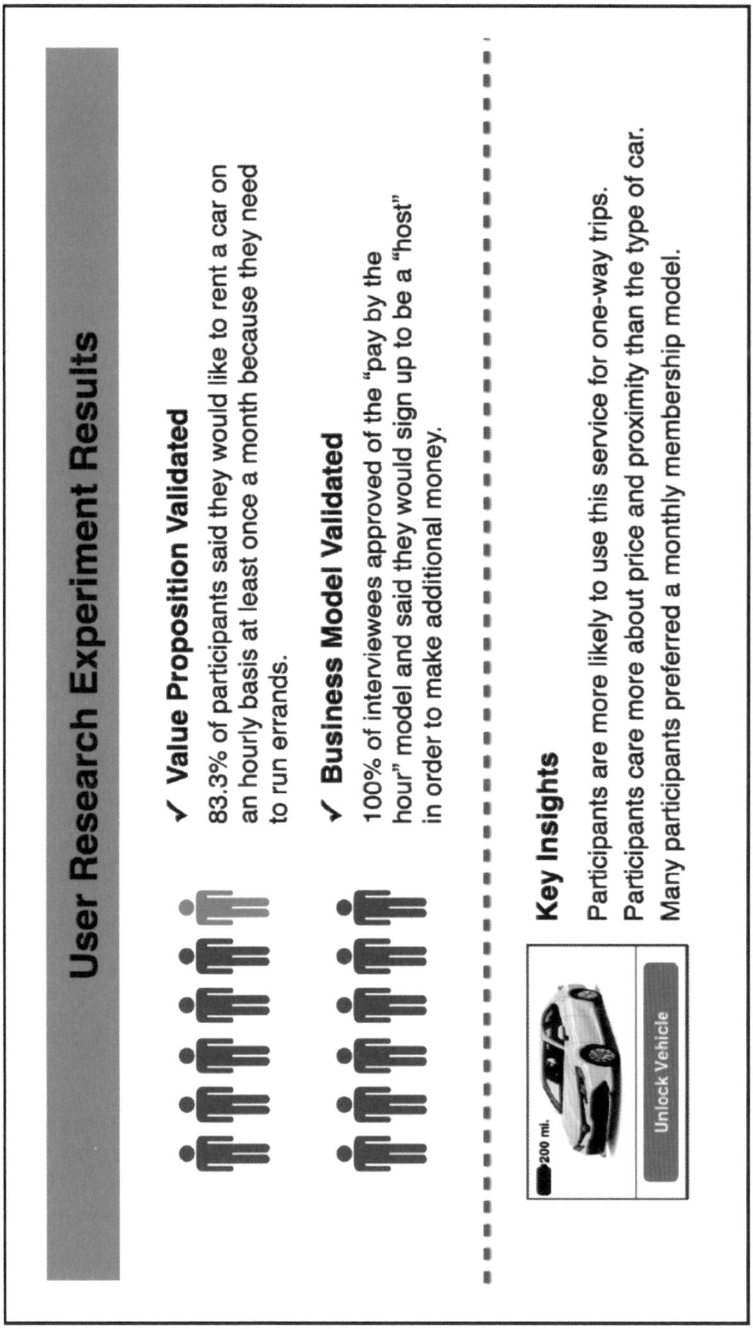

User Research Experiment Results

✓ **Value Proposition Validated**

83.3% of participants said they would like to rent a car on an hourly basis at least once a month because they need to run errands.

✓ **Business Model Validated**

100% of interviewees approved of the “pay by the hour” model and said they would sign up to be a “host” in order to make additional money.

200 mi.

Unlock Vehicle

Key Insights

Participants are more likely to use this service for one-way trips.

Participants care more about price and proximity than the type of car.

Many participants preferred a monthly membership model.

圖 8-17

簡報歸納 Nico 的使用者研究成果

聆聽信號

我們從使用者研究測試中獲得了明確的結果，但這個測試只有少數受訪者。你應該用更大的樣本重複進行測試，直到出現夠大的信號來說服自己、利害關係人／潛在投資者。

當你對結果的重要性充滿信心，就該做出一些重大決定了。以下是幾種可能會發生的狀況：

- 價值主張被推翻，但你相信有瞄準正確的客群。他們根本不想要或不需要這個解決方案。如果有問對問題，你應該知道原因。價值主張是否有任何部分獲得正面回應，可以轉個新方向發展？如果是的話，請回到第 6 章，並提出更多創新構想。或者你是否擔心想解決的問題，還不夠嚴重到讓人需要這個解決方案？如果是這樣，也許要考慮跳過這個想法了。還是你想在認輸之前，投入更多的時間和金錢來實現這個想法嗎？那就繼續第 9 章，嘗試用不同方式來測試價值主張。
- 價值主張被推翻，但你認為目標客群錯了。請回到第 3 章（顧客探索），並嘗試找到正確的客群，重新進行測試。在重做顧客探索時，先不要展示原型，直到真正了解顧客是誰、及他們想要完成什麼任務。
- 價值主張被驗證，但商業模式沒有。檢視有關商業模式的訪談回覆，並思考是否有其他模式值得探索。你也可以回顧競爭對手，看看他們的任何商業模式是否適合你的價值主張。接著更新原型，進行另一輪使用者研究訪談。或者，以第 9 章中的商業模式變化型，來測試目前的價值主張。
- 價值主張和商業模式都被驗證，但不是所有關鍵特點都被認同。檢視不受歡迎的關鍵特點的訪談回覆，並思考如何改善。你可以更新原型，進行另一輪使用者研究訪談。或者，以第 9 章中的關鍵特點變化型，來測試目前的價值主張和商業模式。

如果你身處以上任一情況，且客戶或利害關係人不相信你的研究結果，只想直接打造產品，那麼你會面臨生存挑戰，努力在原則和錢包兩端找尋平衡。要選擇那邊，只有你能回答這個問題了。

最好的情況是，完全收到正面的回饋。那麼恭喜！看是要找更多人再次進行測試，蒐集更有力的證據，或接續第 9 章，用一種新方式來測試你的商業概念。

對於真正創新的想法來說，所有假設都獲得驗證是一項難得的壯舉。因此，我要用著名系統思想家和作家 Donella H . Meadows[3] 的名言來為本章作結。

> 別做一種可能的解釋、假設、或模型的擁護者，要盡可能蒐集。將所有事物視為合情合理的，直到發現可以推翻的證據。這麼一來，你在情感上就能看到證據，就能跳脫可能與自身糾纏不清的假設。

本章回顧

策略需要立足於事實。你可以進行低成本且快速的線上使用者研究，並為需要做出重要產品策略決策的利害關係人提供即時證據。使用者研究一開始可能會讓人感到有點害怕，但多做幾次就比較沒那麼可怕了。透過將結構化的測試，你會獲得一個能釐清可行與不可行的框架，幫助你專心蒐集洞見，驗證假設。整個團隊和利害關係人也能及早親眼看到，目標顧客對於解決方案想不想用、可不可行。

3 Donella H. Meadows, Thinking in Systems: A Primer (Vermont: Chelsea Green Publishing, 2008).

[9]

提升轉換的設計

> 我大部分的發明都是經由錯誤而來的。當你擺脫錯誤的事，就能發現對的事[1]。
>
> —R. BUCKMINSTER FULLER

要不斷調整策略，以提高顧客開發與留存的成功結果。犯錯，是這個過程不可或缺的。你必須設定策略，設計有效的漏斗，讓人認識價值主張，並轉換成高度參與的顧客，這種測試和調整的過程就是所謂的提升轉換的設計（Designing for Conversion）。這個過程融合所有信念，如圖 9-1 所示。

前一章的重點是向一小部分目標使用者蒐集質化回饋。在本章中，我會示範如何使用登陸頁面和線上廣告分析，向更大的目標使用者族群蒐集量化資料，以測試商業構想，並驗證行銷管道。

1 "Conversations with Buckminster Fuller," The Werner Erhard Foundation, *https://oreil.ly/7Y40_*.

圖 9-1
UX 策略的四個信念

親愛的日記：

1983 年 9 月 23 日星期五

今天過得不太好。我不得不再次從學校走路回家。除了我以外，高中班上每個人都有車，都是勢利的富家子弟。當我進到教室時，歷史課班上有個白目都會一直亂唱「Michelle ～」。為什麼爸媽這麼無聊，要用披頭四的歌名取我的名字啊？根本世界上每個 1966 年出生的女生都是叫這個名字。

1983 年 10 月 5 日星期三

今天沒有平常那麼糟。放學後，Stacy 和我開著她的新的黑色敞篷福斯 Rabbit，一邊大聲放音樂，我整個愛上〈怪人合唱團〉和〈歡樂分隊〉。今晚沒時間念西班牙文。隨便啦。

我在想，如果我有男友、有工作和一輛很酷的車，那生活一定會很完美吧。真希望我能有一輛像 Stacy 那樣的福斯汽車。要來問爸爸能不能買給我。

1983 年 11 月 20 日星期日

不敢相信！！爸爸借錢給我，買了一輛超可愛的二手敞篷車 Karmann Ghia。我只需要找個打工，因為他叫我自己付油錢和保險費！但至少星期一我可以開很酷的車去學校！真希望 Eric 能看到我。

圖 9-2
Michelle Levy 與她的福斯 Karmann Ghia 合影

1983 年 12 月 17 日星期六

好心情時間！我覺得我交了新男友。你問是誰？哦，就是 Eric S，Taft 最帥的那位。我也在 Pups and Pets 開始第一天工作。每賣出一隻小狗，就可以得到 2% 的佣金！！！！！！今晚我要和 Eric 一起去看電影〈Christine〉。

1984 年 3 月 12 日星期一

這一定是我一生中最糟糕的一週。我在 Eric 他家，以為一切都很好，但突然間他說要跟我分手。我很沮喪，就大哭跑了出去。我在路上開車時完全傻了，不小心撞到了某位有錢女士的捷豹。我的車整個毀了！！！！！！！

然後，我打電話去 Pups and Pets 告訴老闆，今天不能過去，因為我沒有車，結果他竟然開除我！！！我討厭老闆、討厭 Eric、討厭全世界！我可憐的車。我的整個人生都毀了！！！

1984 年 7 月 6 日星期三

昨天很誇張。我和我媽，和她住 Encino 的新男友出去吃飯。餐廳裡有個蠻帥的男生一直在看我。然後，我們準備離開的時候，他走過來約我出去。他的名字叫 Andy，後來他和我一起去了 Stacy 家。他念舊金山州立大學，我根本不知道那裡有一所州立大學，所以我決定我也要去念那裡！我爸爸說，既然不用再付超貴汽車保險，他會幫我出學校宿舍的錢。

1984 年 9 月 4 日星期日

我的天啊。多麼美好的一天。我爸爸送我到新宿舍。當他開車離開時，我差點哭了。後來 Andy 來了，他帶我坐火車（←我第一次坐！）到一個叫 Haight-Ashbury 的著名城鎮，我覺得我可以在這個城市變身成另一個人。當我們回到宿舍時，他說他想把我介紹給他的朋友。坐電梯時，我叫他跟朋友說我的名字是 Jaime，不是 Michelle，因為我一直很喜歡 The Bionic Woman 中 Jaime Sommers 這個角色。當電梯門打開時，他向 Mindy 介紹我。她看起來人不錯，也很喜歡哥德金屬音樂。反正，我現在是 Jaime 了。

經驗分享

- 事實證明，男友、工作和車並沒有讓我的生活變得完美。原以為我已萬事俱備，但現在發現，那些根本都不屬於我。
- 名字有塑造身份的力量。Michelle 這個名字對我來說一直都怪怪的。這不僅僅是品牌重塑。用 Jaime 這個名字讓我重新塑造了自己。
- 想在生活中有所進展，就要將自己推向陌生的領域。不要害怕嘗試在不同的城市和國家生活。適應性擴展了你面對變化的能力。

商業漏斗

漏斗是一個錐形用具，尖端處連接一條管子，用來在小開口引流液體等物質。當要把機油加到汽車引擎中時，我會用漏斗輔助，讓機油順利注入引擎。漏斗是一個避免浪費的機制。

在 UX 策略的世界中，當潛在使用者沒有被引導至產品的引擎中時，就是一種浪費。在這個過程中，使用者沒有註冊、開通帳號、進行交易、完成交易。換句話說，他們沒有充分體驗價值主張，可能會在需求還沒被滿足的情況下就離開了。數位產品漏斗的設計並沒有將他們轉換成顧客。

廣告公司執行長 Elias St. Elmo Lewis 在 1898 年首次使用了行銷漏斗這個術語[2]。他將漏斗的顧客旅程拆解成不同的認知階段：注意、興趣、欲望、和行動，我們一般稱之為 AIDA 行銷漏斗模型。以下段落與圖 9-3 說明這個四階段的過程：

注意（*Awareness*）

當潛在顧客注意到產品的存在，有東西引起了他們的注意，把他們吸進了行銷漏斗的頂端。例如，看到一則廣告。

興趣（*Interest*）

當潛在顧客了解產品的效益，以及它如何滿足他們生活中的需求時；這進一步吸引了他們。例如，閱讀詳細資訊，然後點擊廣告。

欲望（*Desire*）

當潛在顧客從喜歡產品變為想要產品時，就會將他們吸引到更深的漏斗中。例如，消費、互動、或瀏覽登陸頁面上的所有資訊。

2 “AIDA (marketing),” Wikipedia, *https://oreil.ly/B75SN*.

行動（*Action*）

當潛在顧客採取行動購買產品時，就進入行銷漏斗的底部。例如，點擊登陸頁面的行動呼籲（CTA），展現對產品的渴望。

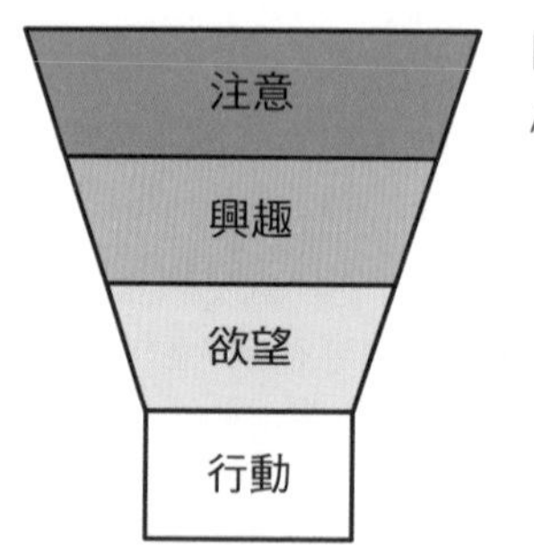

圖 9-3
AIDA 行銷漏斗的階段

行銷漏斗也稱為顧客漏斗、銷售漏斗、購買漏斗或轉換漏斗。漏斗也有許多加上顧客開發以外階段的變化形式，例如本書第一版中討論的 AARRR 模型[3]。在本章中，我們將重點放在基本的 AIDA 框架，以及它與提升轉換的設計、吸引顧客的相關性。

行銷中的轉換，就是讓潛在顧客完成預期目標的過程。可能是在電視上看到廣告後訂購產品，或在 YouTube 上看到廣告後下載 App。使用者通常不會購買或下載他們不懂的產品或 App。要靠某人或某物，也就是接觸點，將他們吸引到行銷漏斗中。

在傳統行銷的時代，接觸點是印刷品、電視或廣播活動等。或者更糟糕的是，業務人員在晚餐時間打電話來，或直接寄「垃圾信件」到家裡。這些行銷方式很困難，因為速度慢、成本高、無法衡量意願。

現在，產品開發者有更容易操作的新型態數位行銷方式。在 24 小時內進行 5 美金的線上廣告活動，可以比在報紙上進行一週 5,000 美金的平面廣告活動更能了解目標顧客群對價值主張的反應。你也可以對行銷活動和產品體驗進行快速迭代與 A/B 測試，以提高轉換率並加速成長。這就是為什麼有這麼多「成長」的相關用語和模型，使用數據來預測並控制線上顧客行為的原因。

---

3 Dave McClure, "Startup Metrics for Pirates," August 8, 2007, *https://oreil.ly/nRfZj*.

流量成長駭客、流量成長設計，以及鉤癮模式（Hook Model）

2010 年，創業家與《成長駭客攻略》[4] 一書作者 Sean Ellis 提出了流量成長駭客 [5] 一詞。其背後的概念是要為跨領域產品團隊找出既聰明又極具效益的顧客成長方法。Facebook、Twitter、LinkedIn、Airbnb 和 Dropbox 這些公司都採用過流量成長駭客方法而大獲成功。這些採用這類方法的團隊現在一般被稱為流量成長團隊。

流量成長團隊是分析工具、流量創造、產品最佳化的專家。他們對搜索引擎最佳化（SEO）、廣告平台、和社群媒體工具的精髓相熟撚。我們把這群人稱作駭客，是因為他們會用盡各種非傳統手段，來追求業務上的成長。他們會利用一些工具突破傳統行銷方法的限制，像是 A/B 測試、登陸頁面、病毒係數（Viral Factors，一種病毒行銷的指標）、廣告 Email 遞送、和社群媒體整合等。流量成長駭客的主要目標是將病毒式行銷和付費廣告活動，與使用者參與指標相互結合，以找出最有價值的行銷管道。為了開發新使用者，並提升其黏著度，流量成長駭客必須持續不斷地優化產品的轉換漏斗。

這個團隊由一位流量成長負責人管理。這個角色定義推動成長與讓「駭客」緊密合作進行測試的策略。流量成長負責人通常是行銷、產品或工程背景。因此，這些團隊可能會過度重視工程和行銷，而低估設計師的角色。

這就是流量成長設計一詞繼續受歡迎的原因，因為它代表了設計師是流量成長團隊重要的策略成員。流量成長設計專家 Lex Roman 將其描述為「不僅關注顧客體驗，也關注如何透過找到解鎖顧客與商業價值循環的槓桿，來推動永續的業務成長 [6]。」流量成長設計師專注於調整 UX 中帶來最大影響的部分（見圖 9-4）。他們還知道如何使用行為分析來追蹤他們是否有達成目標。這歸結為了解產品設計如何與商業模式聯繫在一起。

4 Sean Ellis and Morgan Brown, Hacking Growth (London: Virgin Books, 2017).

5 Sean Ellis, "Find a Growth Hacker for Your Startup," Startup Marketing, July 26, 2010, *https://oreil.ly/hYpaU*.

6 Lex Roman, "Growth Design FAQ," Lex Roman, *https://oreil.ly/hfvI5*.

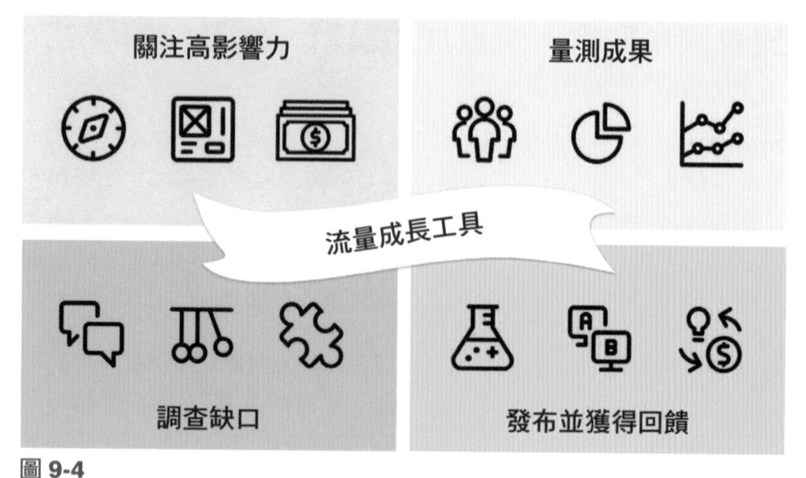

圖 9-4

Lex Roman 流量成長設計框架

另一個類似的框架是由行為設計專家和企業家 Nir Eyal 提出的「鉤癮模式（Hooked Model）」。在他 2014 年暢銷書《鉤癮效應》中，Eyal 提出了一個四步驟過程（圖 9-5），透過連續的鉤癮週期，巧妙地鼓勵顧客行為[7]。Eyal 表示，「鉤癮是一種體驗，以夠高的頻率將使用者的問題與公司的產品連結起來，從而形成一種習慣。」透過這種方式，不需要昂貴的廣告或垃圾郵件，這些新使用者就會不知不覺對產品「上鉤」。

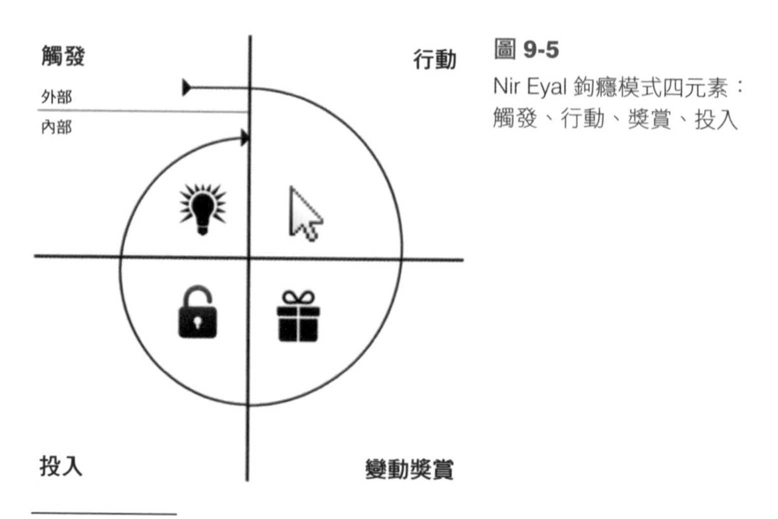

圖 9-5

Nir Eyal 鉤癮模式四元素：觸發、行動、獎賞、投入

7 Nir Eyal with Ryan Hoover, Hooked: How to Build Habit-Forming Products (New York: Portfolio, 2014).

以 B2B 社群 LinkedIn 的使用者經驗為例。「鉤子」可以從內部觸發開始，比如你對工作感到沮喪；也可以從外部觸發開始，比如讀到前同事開始新工作的貼文。這會促使你採取行動，例如開始瀏覽 LinkedIn。然後是在主頁中看到的資訊獎勵。你可以對貼文按讚，或分享自己的貼文，這是你在平台上投入的時間和資料。這種投資是一種儲值形式，隨著習慣的形成、時間的推移，它就會成為產品的競爭優勢。

Eyal 也有提出警告，「我們一定要謹慎運用這些方法，因為這和所有設計一樣，都是一種操弄手段。[8]」Eyal 在《鉤癮效應》中說明如何以合乎道德的方式使用行為設計，並在他的第一本書之後，以第二本書《專注力協定》指導如何有效處理分心的誘因。

鉤癮模式、流量成長設計、流量成長駭客皆由 1989 年的 AIDA 行銷漏斗（注意、興趣、欲望、行動）轉化而來。你的團隊可以發想創新的方法，來讓人們注意到產品，但還是要找到正確的客群，並以引人注目的資訊引起他們的興趣和渴望。流量成長設計方法有助於將產品體驗細緻化，也確保使用者採取行動，並推動產品的病毒式傳播。一旦顧客一次又一次地重複這些行為，那麼他們以及與看到分享的人都會對產品漏斗上鉤。

接下來，你會學到如何將潛在顧客引導至便宜廣告活動的登陸頁面，來測試商業構想。

進行登陸頁面測試

登陸頁面是專門用來行銷產品或服務而建立的一頁式網站。這是使用者點擊 Email 或線上廣告中的超連結後「登陸」之處。它與網站首頁的不同之處在於，登陸頁面目的是要讓使用者執行一項我們期望的操作，例如點擊按鈕下載 App。這類頁面專門設計用來吸引潛在顧客進入行銷漏斗頂端，以衡量他們的參與意願、並驗證假設。登陸頁面可以用來引導產品策略，因為透過反覆試誤，能快速了解哪些客群對價值主張有反應。

8 Nir Eyal, "Nir Eyal on Creating Habit-Forming Products: Closing Remarks," LinkedIn Learning, January 23, 2017.

圖 9-6 是建立登陸頁面測試的基本流程。

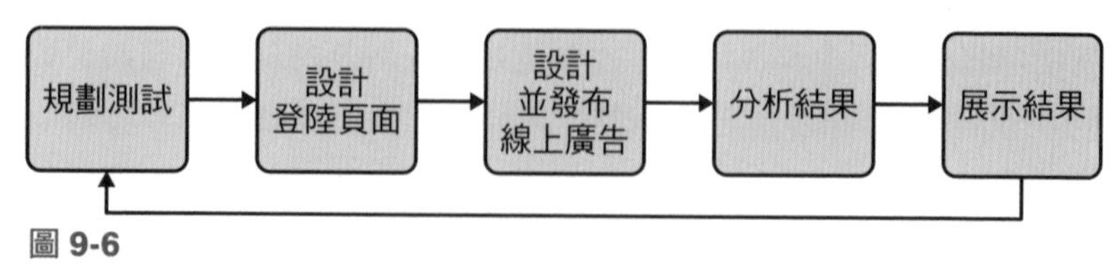

圖 9-6

登陸頁面測試流程

如果測試成功執行，使用經驗將應該是這樣：

- 潛在顧客看到廣告（注意）。
- 然後，他們點擊廣告（興趣）。
- 然後，他們找到與他們需求相關的頁面（欲望）。
- 然後，他們點擊行動呼籲，開始實際使用產品（行動）。

這個流程應該不斷迭代重複，直到你和利害關係人對結果感到滿意。建立回饋的循環是信念 3：實證使用者研究，和信念 4：無痛 UX 的關鍵。

若要根據第 8 章線上研究期間收到的回饋設計新的測試，你可能需要用登陸頁面來測試價值主張、商業模式或兩者的變化型。

登陸頁面測試能讓你把不同的概念給顧客看，以及早獲得回饋。會使用在第 7 章中製作的原型中的一些畫面來 a) 向顧客展示 App 或網站的外觀，以及 b) 營造構想已經

是實際產品，或即將上線的假象。根據在第 8 章線上研究期間收到的回饋，你可以先更新畫面，然後再將畫面放進登陸頁面和廣告活動。

2019 年時，我在柏林的 UX Camp 上發表一場演講時，認識了 Sebastian Philipp（見圖 9-7），他是福斯汽車集團商業創新工作室（Business Innovation Studio）的負責人，商業創新工作室是福斯內部的商業與服務設計單位。午餐時，他告訴我商業創新工作室正在做的一些很酷的測試，包括使用廣告活動和登陸頁面的冒煙測試。接下來，我會用這些活動作為案例分享。

圖 9-7

Sebastian Philipp 與 Volkswagen We Share 活動海報

前情提要：福斯汽車正在嘗試不同的行動即服務（MaaS）計劃。他們有個稱為 We 的數位產品生態系統，提供租賃／購車車主更多整合式服務。他們想要驗證的商業概念之一是顧客是否願意用 App 預約洗車服務，以及是否願意以數位的方式付款。這個測試活動的目的是想要找出哪邊的洗車地點能吸引最多顧客。

規劃測試

如果使用第 8 章中的〈使用者研究設計〉小工具來設計線上使用者研究測試，那你就對不會此步驟的內容感到陌生。因為〈登陸頁面測試設計〉小工具是稍微改過的版本：

1. 價值主張：填寫簡短版本的新價值主張。
2. 測試類型：大致描述測試類型，本例是「登陸頁面測試」。
3. 測試開始／結束日期：填寫測試的實際日期／長度。
4. 測試細節：填寫重要的細節，例如要上幾則廣告、預算、預計使用的工具、以及欲展示的概念驗證。如果還不確定細節，請讀完本章後再回來填寫這些細節。

5. 假設：如第 7 章、第 8 章所述，假設需要明確且可量測。對於用來測試商業構想的登陸頁面測試，應該一次測試一項變數，否則就不是控制型測試了。可能的變數可能是廣告、登陸頁面和目標受眾。這是工具中最重要的部分，可以在進行測試之前完成。

6. 驗證方法：這裡描述如何使用變數來檢驗假設。

7. 最低成功標準：填寫一個表示假設有被成功驗證的百分比數字。在登陸頁面測試中，此百分比稱為轉換率，即在訪問登陸頁面的總使用者人數中，執行我們期待的操作（即點擊下載 App）的人數，這個數字通常在 2-6% 之間。在廣告活動中，此百分比稱為點擊率（CTR），即廣告被點擊的次數除以顯示次數，這個數字通常在 1-5% 之間。

前三部分與第 8 章相同，但其餘部分則是登陸頁面測試的內容，包括如何帶來流量。我將使用福斯汽車登陸頁面測試為例，來填寫〈測試設計〉小工具（見圖 9-8）。

設計登陸頁面

登陸頁面的主要功能是向造訪的潛在顧客展示更多產品未來狀態的資訊，讓他們願意採取行動。轉換速度必須和 30 秒的廣告一樣快，要用任何能達到效果的內容，將產品概念傳達給潛在顧客。這時要請團隊中的內容／品牌策略師參與，用文案、照片和影片將產品精煉成易於消化的內容。第 3 章討論到價值主張的提案（Pitch），這就是登陸頁面需要傳達的。

1. **Value Proposition:** An app for booking automated cashless custom car washes. 2. **Experiment Type:** Landing Page Experiment. 3. **Start/End date:** Wednesday, April 22, 2020 through Wednesday, April 29, 2020.	4. **Experiment Details:** Running one ad on Facebook at two different audiences. Each ad campaign will have a 350-400€ budget and will start on the same date. Compare the outcomes of the ad campaigns and the landing pages.	
5. Hypothesis Below	**6. Validation Method Below**	**7. Minimum Success Criteria**
Drivers in German urban cities are likely to want this service more than drivers in rural areas.	Run one Facebook ad at two different geographical customer segments in Germany. Send the click throughs for each audience to identical versions of the landing page, and compare the conversion rates and the CAC.	1% CTR on the Facebook ads; 5% conversion (people clicking on the download app button) on the landing page.

圖 9-8

〈UX 策略工具包〉裡的〈登陸頁面測試設計〉小工具

以下是設計登陸頁面的流程。

步驟 1：選擇平台和模板

有許多用來設計和進行登陸頁面測試的平台，功能各不相同，從基本的免費版到功能強大、昂貴的都有。如果需要一些時間嘗試，大部分平台都提供 14 天免費試用和訂閱制。兩個大家常用平台是 Unbounce 和 Instapage。

選擇平台時，要找一個可以輕鬆執行以下操作的平台：

- 可以客製設計的響應式模板
- 支援拖放式操作，可建立自己的頁面
- 可使用自訂網域名稱
- 可追蹤頁面轉換率

建立帳號後，就來挑選模板。模板不僅讓流程更快，而且還針對轉換進行了優化。一定要選擇響應式的，因為大多數登陸頁面的使用者都用手機。點擊形式（Click-through）的模板是一個不錯的選擇，因為目標就是要使用者點擊。如果目標是下載 App 或產品發布，就選擇針對該目標優化的模板。通常不會用到模板中的所有元素，而是選擇看起來很專業、只需要稍作修改的款式。

登陸頁面要放什麼，請上 Google 搜尋「最成功的登陸頁面」+ 年份。也可以在主要的登陸頁面平台上找到很多靈感。

步驟 2：加上內容（獨特的／借來的），並修改設計

現在要將獨一無二的內容放進模板。以下為 AutoWaschen 登陸頁面的範例（見圖 9-9）。

圖 9-9
福斯汽車 AutoWaschen 登陸頁面的主要頁面

下列是必備的元素。你可以在選擇模板前後準備這些元素。

登陸頁面必須具備：

Logo 和產品名稱

如果需要設計 Logo，請使用免費 Logo 產生網站或在便宜的設計接案平台（Fiverr.com）上找人設計一個。這時先不要陷入 Logo 設計太深，因為它只是要用來測試，先有一個就好。福斯汽車等大型企業通常不會在此類測試中使用自己的品牌，因為不希望自己的品牌影響顧客對新產品的看法，或不希望自己的顧客被跟現有產品或品牌不一致的產品所困惑。

價值主張／標語

一段簡短的話，進一步說明產品的主要效益。

行動呼籲（*CTA*）

這是頁面上最重要的元素，提供用來證明轉換的指標。一般是一個按鈕或帶有按鈕的表單。Volkswagen 的登陸頁面使用了 IOS 商店圖示和 Google Play 圖示（見圖 9-9），這是行動 App 的常見做法。表單通常用來取得 Email 地址，以蒐集潛在顧客名單。在這年代，要人提供真實 Email 地址，需要給很有說服力的理由。對於測試商業構想來說，使用按鈕來衡量興趣更有效，因為使用者不會聯想到垃圾信件。讓按鈕醒目。使用紅色／綠色這類對比色，避免過度使用像是文字或頁面背景的顏色。隨性的用語也很有效，這就是為什麼 CTA 常用「我的」或「你的」之類的詞。 CTA 可以是解決方案導向的，例如「解決我的停車困擾」，也可以是行動導向的，例如「立即下載你的指南」或「想要更多資訊！」總之，目標是讓使用者感覺好像有人直接在跟他們對話。

照片／圖片／影片展示解決方案

這些可以是描述主要功能的介面截圖，或帶有圖示的優點簡介，就像福斯汽車的例子（見圖 9-10）。也可以放一張顯示客群對產品結果感到滿意的照片。如果使用介面的靜態畫面（如第 7 章中的原型，或第 8 章更新的原型），確保畫面與簡介搭配得當。

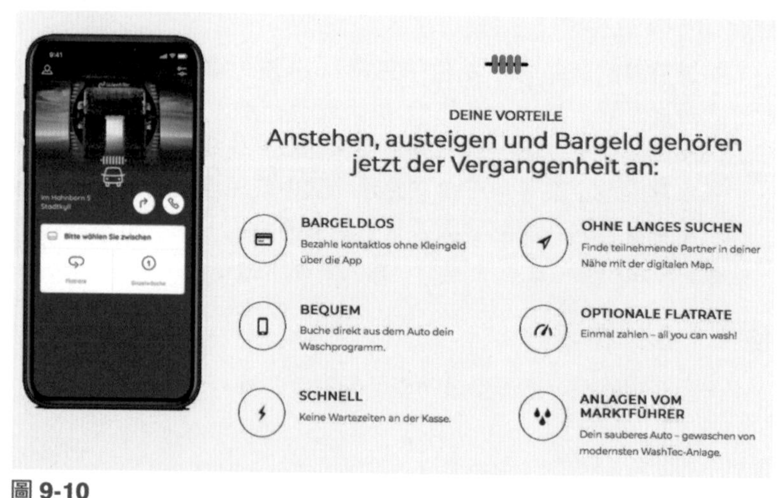

圖 9-10

福斯汽車 AutoWaschen 登陸頁面的主要特點頁面

注意頁面上不要出現文法錯誤或錯字，以免讓人覺得公司因為不願意請文案師而感到不可信任，或根本以為是詐騙。使用與產品畫面互補的顏色，確保文字都有清楚地在畫面中被突顯出來。以AutoWaschen 登陸頁面為例，你會看到細微的淺藍色泡泡圖樣，幫深藍色背景增加質感，但又不會壓過文字。在頁尾放上當年的版權宣告，讓頁面看起來是新的。

其他還建議放上客戶見證、社群媒體連結、獎項徽章、或可能使用產品的公司名稱。這些內容是社會證明，是讓產品看起來值得信賴的一種外部認證形式。如果你的產品還不存在，可以放使用者研究訪談中的引述，或向朋友展示產品並徵求對方的想法。引述應該是提到效益或創新功能的正面評價，好的引述聽起來很隨性，就像人一般說話的方式一樣，不應該重複頁面上的文案，或像行銷術語的寫法。圖 9-11 是 AutoWaschen 登陸頁面的客戶見證，意為「真是超棒的想法，做得好。這樣預約洗車變得非常簡單又方便。單一費率的洗車服務，能節省時間和金錢，推薦給經常需要洗車的人。」

FEEDBACK

EINE AUSWAHL AN NUTZERSTIMMEN

Tolle Idee und gute Umsetzung. Macht den Kauf einer Autowäsche sehr einfach und komfortabel. Und mit den Flatrate Waschangeboten spart man sich auch Geld und Zeit! Kann diese App nur jedem der oft sein Auto wäscht empfehlen.

BMW-Bernd

圖 9-11

福斯汽車 AutoWaschen 登陸頁面的客戶見證頁面

在花時間對設計細節進行微調之前，請一定要將網頁發布上線，並檢查在不同螢幕尺寸的設備上的顯示，在桌機版和手機版之間切換，確保兩種預覽模式下看起來都正確。如果你的影片或媒體只能在一個版本中使用，就為手機和桌機製作稍微不同的版本。使用有大量對比色的背景圖像時要小心，在不同的畫面比例下，文字有時會疊在圖上，造成難以閱讀。

步驟 3：讓頁面正式上線

現在要讓頁面開始運作。首先，把 CTA 按鈕加上動作，可以顯示感謝文字的彈出視窗，或提供一些後續步驟。

讓使用者點擊按鈕是你的轉換目標。如果使用的是登陸頁面平台，就要設定一下，以便追蹤指標，特別是點擊人數量和百分比。接著，要在不同裝置上點擊按鈕，來測試轉換的追蹤，確保有在正確追蹤訪客數和按鈕點擊數。如果沒有正確執行此步驟，那麼在測試期間，就無法從登陸頁面獲得任何資訊。

一般情況下，平台通常會為登陸頁面提供一個 URL 網址，此網址是他們網站的子網域，可能帶有自己的公司名稱，或網址裡有 demo 字樣，這會讓登陸頁面看起來很假。沒錯，頁面是假的，但不用讓訪客不用知道，因為這樣就無法判斷人們是否對你的價值主張不感興趣的原因，是真的不喜歡，還是因為覺得頁面是假的。因此，請購買帶有產品名稱的廉價網域名稱。網域服務提供者或登陸頁面平台應該有怎麼將新域名連結到登陸頁面的說明。有很多不是「.com」的 5 美金網域，正如先前提到的，公司無論如何都會這樣做，以保護他們的品牌。在開始進行活動之前，最好諮詢公司的法務部門，因為你可能要將某些步驟外包給第三方，以避免責任問題。

步驟 4：複製廣告 / 廣告變化形式

現在我們要來討論 A/B 測試了！

如果測試內容要用到不同的廣告，那麼就要建立登陸頁面的副本。登陸頁面是相同的，但來自兩個不同的網址，這樣就可以追蹤哪個廣告透過登陸頁面 CTA 獲得更高的轉換率。

如果測試內容側重於同時測試多個版本的登陸頁面，那麼就要設計一個全新的登陸頁面。或者可以複製當前頁面，並根據欲測試的變數進行修改，像是定價、CTA 文案、設計、資訊文案等。登陸頁面平台可以自動將來自一個廣告的流量拆分到每個頁面變化形式，稱為 A/B 測試或多變數測試。

設計並發布線上廣告

如果消費者沒有藉著行銷注意到你的產品或品牌，那麼無論設計多麼精美，產品都可能失敗。在網路出現之前，廣播、電視廣告或平面廣告等傳統媒體是吸引人們注意力的主要方式。傳統媒體既昂貴，又缺乏精確的分析，無法即時了解廣告活動的效果。這就是為什麼大家在網路上花的廣告費用，比任何其他媒體都多。2019 年，網路廣告收入已達到 1250 億美元[9]！

線上廣告的秘訣是微定位的能力。微定位是指針對客群具體的人口統計資料、心理特徵、興趣偏好等進行定位。你可以用廣告活動平台輕鬆地進行為期一天、活動預算低至 5 美金的測試，然後在 24 小時後檢視轉換指標。

這裡要討論的兩種線上活動是付費社群媒體廣告和搜尋引擎行銷（SEM）。2019 年，行銷人員在社群媒體廣告上的花費超過 360 億美元，在搜索結果廣告上的花費則高達 550 億美元。社群媒體活動可以在 Facebook、Instagram、LinkedIn、Twitter、微信等平台進行。廣告被動地出現在人們的資訊頁面中，也可以被發送到他們的合作夥伴網絡中。而搜尋廣告則是在有人主動在 Google、Bing 中輸入相關關鍵字後出現的廣告。這兩種形式的廣告都需要大量的調整，但只要弄清楚神奇的公式，就會有很大的回報。

以下是搜尋引擎行銷和社群媒體廣告之間的一些區別：

搜尋引擎行銷（Google、Bing 等）

- 最好不確定顧客是誰，因為它會根據輸入的關鍵字而非搜尋的人來顯示廣告
- 更有可能有人購買產品（稱為購買意向）
- 轉換率較高，但一般要為點擊付更多費用
- 如果想直接銷售產品，效果會更好

9 Interactive Advertising Bureau, Internet Advertising Revenue Report, May 2020, *https://oreil.ly/m4x2R*.

付費社群媒體廣告（Facebook、Instagram、LinkedIn、Twitter 等）

- 可以依個人資料對廣告受眾進行更具體的微定位
- 更直觀
- 可以花更少的錢，觸及更多的人
- 適合用來打品牌知名度，或培養社群追蹤者

Google 和 Facebook 分別是搜尋引擎行銷和社群媒體行銷的兩大平台。使用 Google Ads 進行登陸頁測試的問題在於，需要下廣告至少兩週才能收到有用的資訊。Google Ads 也不是專門用來做微定位，而是用關鍵字優化，來發現潛在的客群。這就是為什麼我將在以下範例中使用 Facebook，儘管我非常質疑 Facebook 的道德問題，但他們目前在廣告界中還最好用的。

Facebook 廣告管理員不斷修正他們廣告活動的使用者經驗和流程。以下是設定廣告活動時需要注意的基本事項：

公司頁面

你要將「身份」指向公司 Facebook 粉絲專頁。上傳封面照片、Logo 和簡要說明，就能快速輕鬆做出公司粉專。確保頁面看起來完整，因為使用者可能會按讚或寫評論。如果價值主張繼續做下去，就可能成為你永久的公司粉絲專頁。

活動目標

首先，要在你選擇的平台上建立一個新的廣告活動。選擇「流量」作為目標，並為廣告命名。選擇「流量」的原因是，我們要將流量吸引到登陸頁面。

地理位置

選擇希望下廣告的地理位置。從小處著手，用人口統計數據與第 3 章中驗證過的人物誌符合的城市或城市裡的某區。不選擇像美國這樣整個國家，因為這樣很難將影響力集中在特定的族群上，就很難獲得任何資訊。要在你認為產品最有可能成功的地方下廣告。例如，在福斯汽車的測試中，他們進行了兩次獨立的廣告活動，一次在德國都會城市，另一次在德國郊區城市。

受眾定位

選擇在人口統計、興趣和行為方面與驗證過的人物誌符合的受眾。可以根據年齡範圍、性別、家庭收入、教育程度及其組合建立受眾。此外，也可以針對高度具體的行為和興趣進行詳細定位，例如，對洗車感興趣的駕駛。

預算和時間表

首先進行 5 至 10 美金預算，為期一天的前測。這很重要，因為設定和下新廣告很複雜，而且容易犯代價高昂的錯誤。在這個初步測試之後，檢查結果，看看哪裡對、哪裏錯。然後就可以增加預算和活動長度。

根據目標客群最有可能看到廣告的時間（一週中的哪幾天、一天中的時間）來考慮投放廣告的時機。試著用顧客的角度思考，例如，擁有汽車並喜歡保持車輛清潔的人可能更有機會在週五工作結束時滑 Facebook。或者可能是週六早上在家中 Google 洗車資訊。但要驗證這些假設，最好下一整週廣告，這樣就可以準確了解哪些日期和時間可以獲得最佳結果。此外，要留一些緩衝時間，讓平台在預定開始日期之前審核和批准廣告（有關更多資訊，請見「廣告批准」）。

隨著對投放廣告越來越有信心，也更了解怎麼做最有效，就可以開始增加預算。小廣告預算的問題是，只能獲得小量樣本的結果，這些結果很可能毫無意義。福斯汽車 AutoWaschen 的廣告活動投放了兩則廣告，預算在 350 到 400 歐元之間，為期 5 到 8 天。

其實，最終預算應該以投放幾則廣告後的單次點擊成本（CPC）來決定，一般約莫要花費至少 500 美金才能對最佳廣告策略有明確的想法。我覺得，廣告活動是把辛苦賺來的錢丟給像祖克柏這樣的億萬富翁，所以我只做很多小測試，直到對自己的策略有信心為止。

廣告設計

設計有效的廣告既是藝術又是科學。需要有很大影響力但易於理解的概念。你可以設計聚焦使用者問題的廣告（例如，一輛骯髒的汽車、人們不開心、排長龍等待），然後，將使用者引誘到目標網頁，在網頁上展現問題的解法。或者，也可以設計以解決方案為中心的廣告，加上適當的圖像和文字（例如，一輛乾淨的汽車，和 App 優點的文案）。或是將這兩種構想結合起來，如圖 9-12 的 AutoWaschen 廣告，同時展現問題（髒車）和解決方案（App 加上說明優點的文案）。

圖 9-12
福斯汽車 AutoWaschen 的 Facebook 廣告

當然，要寫誇大其詞、誤導性的文案、或放性感美女照也行，但用諸如此類的釣魚內容來獲得點擊，並不能幫你驗證價值主張或商業透想。即使人們進到登陸頁面，這種作法也無法讓你了解哪些內容／圖像真正傳達了價值主張，因為使用者並不是為了這些資訊而來。

以下是廣告的必備內容，需依平台和欲顯示的位置做調整：

標題

產品名稱／價值主張。AutoWaschen 頁面的標題是「現在就到附近洗（Wasche jetzt in deiner Nähe）」。

主要文字

對欲解決的問題或解決方案的醒目描述。AutoWaschen 頁面的主要文字是「洗車從未如此簡單！即刻下載 App 預約（Noch nie war das Autowaschen so einfach! Lade unsere App herunter, buche deine Wäsche bequem）」。

目標網址

當使用者點擊時傳送過去的頁面。

引人注目的圖像

社群媒體廣告較常使用圖片。AutoWaschen 放一輛髒車和與登陸頁面同底圖的 App 畫面。請注意，Facebook 對在圖片裡放文字有限制，在提交審核之前，要仔細確認過廣告刊登政策。

CTA 按鈕

這是人們從廣告造訪目標網頁的主要方式。AutoWaschen 使用「了解更多（Mehr Dazu）」。

先設計手機版廣告，因為大多數使用者都是從手機看到。在製作內容和設計時要考慮到受眾。廣告和登陸頁面要看起來一致，像是 AutoWaschen 的做法，這樣使用者在點擊廣告後才不會感到迷路。

圖 9-13

Jessica 的兩則不同 Facebook 廣告，一則描述問題，一則描述解決方案

與登陸頁面一樣，要找熟悉廣告語感的人來進行編輯。要確保內容易懂，且沒有文法或拼字錯誤。

變化形式（如有必要）

如果要在測試中調整廣告活動，可以製作第二則廣告或設定第二組受眾。若是要進行這類測試，以下是一些方法：

- 製作兩則描述不同概念的廣告，例如：問題 / 解決方案、不同定價策略形式（免費試用 / 訂閱制）、或不同的關鍵特點。在相同的受眾和相同的時程上投放。
- 製作兩則不同的廣告，描述相同的概念，但設計不同。變化形式可能是插圖、標題、或內容。在相同的受眾和相同的時程上投放。
- 在相同的時程，向兩組不同的受眾投放同一則廣告。這就是 AutoWaschen 廣告活動的運作方式。

我們在每個選項中只調整一個變數，例如不同概念、不同設計、或不同受眾，讓測試維持控制性。在兩則廣告上花費相同的預算，並同時投放，也能更直接地比較結果。一定要讓每則廣告連結至各自的目標網頁，以追蹤廣告各自的轉換。

在圖 9-13 中，你可以看到 Jessica（應該還記得她在第 7 章中提出的訂車 App 價值主張吧）在她的登陸頁面測試中，針對不同的概念投放了兩則不同的廣告。左邊的廣告描述使用者遇到的問題，右邊的廣告描述她提出的解決方案。

如果是雙邊市場，那就需要進行兩場不同的廣告活動，每個廣告活動都帶有一個線上廣告和為每組客群設計的登陸頁面。這應該當作兩個不同的測試來執行。

廣告審核

在提交廣告活動之前，要把登陸頁面平台上的追蹤工具重設為 0 次點擊。如果不重設，那系統會把過去活動的檢視次數，或自己在設計時的檢視都算進去，就不能確定測試是否正確了。

即使在提交審核後，也要為可能出現的問題做好計劃。廣告被拒絕的原因有很多，平台的政策方針很常變來變去、圖像中的文字過多、包含禁止內容、或用了限制素材等。有時，一則廣告可能會獲得批准、另一則廣告被拒絕，就可能導致活動計劃偏離軌道、測試受到污染。如果真的未通過審查，請查看平台的廣告政策，了解可能的原因。

當廣告活動獲得批准刊登，就要準備參加比賽了！

分析結果

廣告活動完成後，就來分析結果。希望廣告有被廣大受眾點開看，理想情況下，也希望有很大一部分人更進一步點擊登陸頁面上的 CTA。即使只投一個 5 美金的 Facebook 廣告、沒人點擊，也是能學到不少。你要變身偵探，解讀獲得的數據，了解什麼有效、什麼無效。

圖 9-14 是 Jessica 的 Facebook 廣告活動的畫面截圖，這裡有幾件事要看。Jessica 針對相同的受眾投放問題廣告和解決方案廣告，並連結到兩個相同的登陸頁面。要理解的資料點如下：

結果（連結點擊次數）

廣告被點擊的次數。

觸及（*Reach*）

至少看過一次廣告的人數。

曝光次數（*Impressions*）

廣告曝光的次數。這與觸及不同，因為一個人可能看到廣告很多次。

單次點擊成本（*CPC*）

廣告預算除以連結點擊次數。

圖 9-14 可以看到哪個廣告比較成功。問題廣告的連結點擊次數幾乎是四倍，而單次點擊的成本僅為 0.12 美金，是解決方案廣告四分之一的成本。降低單次點擊成本很重要，因為意思是能降低流量成本。當要開始認真瞄準顧客時，這是很好的策略資訊。

也要看一下點擊率，也就是連結點擊次數除以曝光次數。Jessica 的問題廣告在 1,425 次曝光中獲得了 43 次連結點擊，將這兩個數字相除，點擊率為 3.0 %。而解決方案廣告在 1,216 次曝光中獲得了 11 次連結點擊，點擊率僅為 0.9 %。差很多呢！

Ad Set Name	Bid Strategy	Budget	Results	Reach	Impressions	Cost per Result
Problem Ad	Lowest cost Link Clicks	$5.00 Lifetime	43 Link Clicks	1,402	1,425	$0.12 Per Link Click
Solution Ad	Lowest cost Link Clicks	$5.00 Lifetime	11 Link Clicks	1,150	1,216	$0.45 Per Link Click

圖 9-14

Jessica 的 Facebook 廣告活動結果

這表示，問題廣告在 Facebook 上的效果比較好，但在看到登陸頁面轉換率之前，還是不能篤定就是如此。因為她的目標不僅是要人點擊廣告，畢竟，她最感興趣的指標是有多少顧客願意下載她的 App。

圖 9-15 是 Jessica 從登陸頁面平台蒐集的結果截圖。

Problem vola.website/page2	Standard		43 visitors	5 conversions	11.62% conversion rate	
Solution vola.website/page1	Standard		11 visitors	1 conversions	9.09% conversion rate	

圖 9-15

Jessica 的 Unbounce 登陸頁面平台結果

要了解的數據如下：

訪客人數

登陸頁面的訪客人數。如果與廣告連結點擊次數略有不同，是很正常的。

轉換次數

點擊 CTA 的訪客人數。

轉換率

轉換次數除以訪客人數。

現在，我們對問題廣告的實際運作情況獲得更清晰的了解。我們知道，問題廣告的轉換率（11.62 %）略高於解決方案廣告（9.09 %）。但還需要考慮樣本數量，因為目前樣本數非常小，只有 11 人點擊了解決方案廣告，只要一個人進行了轉換，轉換率就很高。樣本量小意味著統計能力有限。但是，如果比較轉換次數，就可以看到，問題廣告的轉換人數是五倍。這就是為什麼，在解釋數據時，一定要將所有數據點納入考慮。

從這個僅運行一天的 5 美金小小廣告活動中可以看出，兩則廣告之間的擴散和登陸頁面轉換足以讓 Jessica 決定為下一輪測試投放更多描述問題的廣告。

一次進行一個測試，並運用所學來迭代以提高轉換率是很重要的。一旦找出最佳廣告設計概念、登陸頁面、反應最佳的受眾、以及投放廣告的最佳時間 / 地點時，就可以增加預算。可能需要經過多次重新設計、重新定位整個廣告活動，直到找出你的「神奇公式」。要有流量成長駭客的態度！

展示結果

在企業環境中，必須向團隊和利害關係人展示數據，做出決策，並持續測試，引導策略的制定。回到福斯汽車 AutoWaschen 測試，在產品團隊進行測試之後，他們也有將結果展示給利害關係人看，而這些人不一定要是行銷人員或數學專家。

圖 9-16 是簡報測試的投影片，使用廣告和登陸頁面的圖，向利害關係人展示使用者如何進到行銷漏斗。在圖片的右側有一個表格，彙整了廣告活動和登陸頁面的結果（表中的數字因保密原因已做更改）。

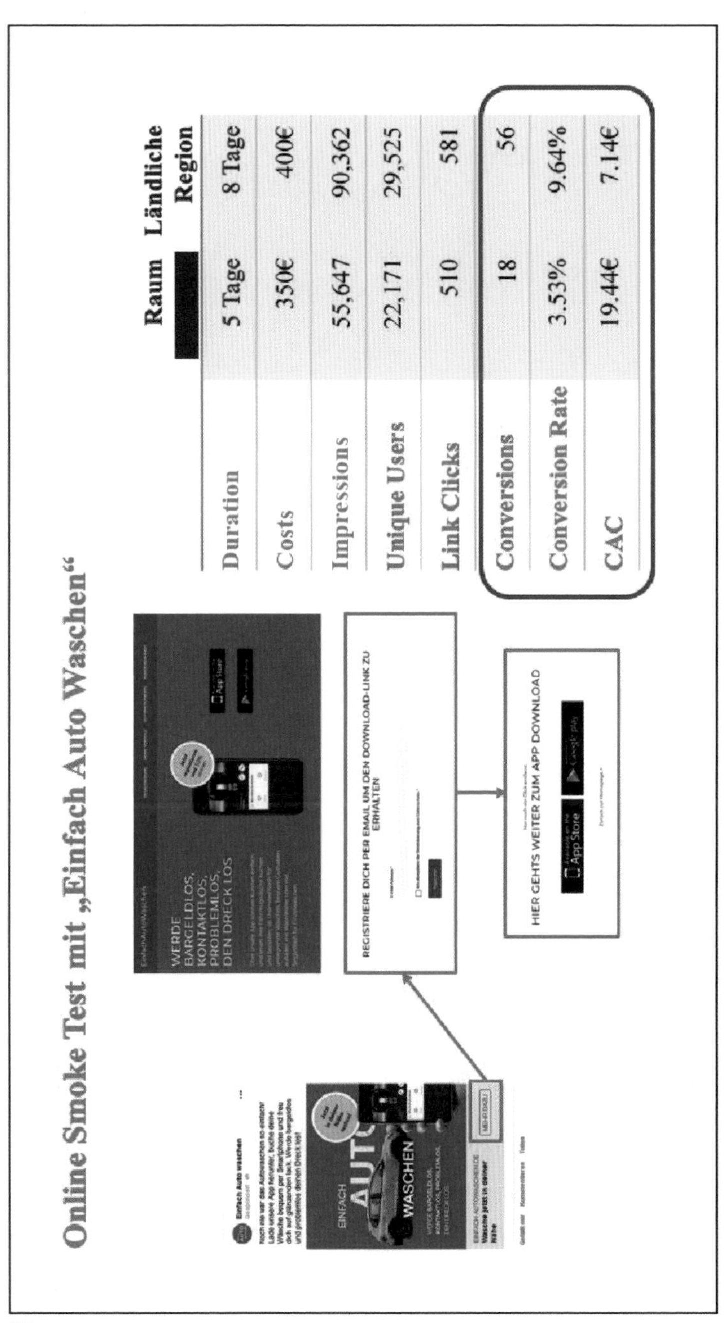

	Raum	Ländliche Region
Duration	5 Tage	8 Tage
Costs	350€	400€
Impressions	55,647	90,362
Unique Users	22,171	29,525
Link Clicks	510	581
Conversions	18	56
Conversion Rate	3.53%	9.64%
CAC	19.44€	7.14€

圖 9-16

福斯汽車 AutoWaschen 登陸頁面測試結果，左側為都會區城市的結果，右側為郊區城市的結果（數字因保密原因已做更改）。

他們放進以下數據點：

期間
: 運行每個廣告的天數。

費用
: 每則廣告的預算。

曝光次數
: 每則廣告的曝光次數。

不重複訪客
: 與觸及相同，意思是至少看過一次廣告的人數。

連結點擊次數
: 廣告被點擊的次數。

轉換次數
: 在登陸頁面上點擊 CTA 的訪客人數。

轉換率
: 轉換次數除以訪客人數。

客戶獲取成本（*CAC*）
: 廣告預算除以獲得的訪客人數。在此情況下，「獲得的訪客」是指點擊了登陸頁面上下載按鈕的使用者。當開始開發產品，要平衡獲取成本與顧客生命週期價值（CLTV）[10] 時，這個數字就會越來越重要。

福斯商業創新工作室總共花費 880 美金來進行 AutoWaschen 廣告活動，活動在 Facebook 上約觸及 50,000 名使用者。為了在兩個廣告中獲得可比較的樣本量，他們將郊區受眾的廣告多進行三天，以增加不重複使用者的人數。儘管連結點擊總數相似，都會區受眾為 510 次，郊區受眾為 581 次，但郊區受眾的轉換率（9.64 %）實際上要比都會區受眾（3.53 %）高出許多。

10 "Customer Lifetime Value," Wikipedia, *https://oreil.ly/Pg37h*.

在轉換成本方面，都會區受眾單次點擊成本 23.02 美金，郊區受眾單次點擊成本 8.46 美金。也就是說，都會區受眾的廣告成本是郊區受眾的兩倍多。這個登陸頁面測試的證據證明，他們原先的假設無效（德國都會區的車主比郊區的車主更需要這項服務）。這表示，若把這類型的洗車服務放在郊區，可能更容易成功。你看，做測試不是棒嗎？

登陸頁面測試只是轉換設計的一個例子。在你努力開發、發布產品時，就必須持續尋找成長機會，包括優化訂閱頁面、結帳流程、推薦互動、和分享／按讚／關注等。提高轉換率的設計要從行銷開始，全面考慮顧客的旅程。四處尋找施力點，而不只是盯著頁面問：「要怎麼讓使用者訂閱年度方案？」

堅持，調整，或踩剎車！

以下總結驗證新商業概念或產品構想的產品策略方法。此時，應該會遇到以下某個情況：

- 透過各種測試，你發現為創新解決方案投入更多時間和金錢是值得的。在這個情況下，可以開始尋找資金或利害關係人的支持，並規劃產品路線圖了。產品路線圖描述將產品推向市場的特點、時程、資源、目標、和願景。如果不熟悉產品管理，推薦閱讀 Roman Pichler 的《Strategize》一書[11]。
- 你發現可能需要對價值主張做調整或踩剎車，因為找不到客群或商業模式不可行。此時，請退後一步，想想這個概念對你有多重要。或許你應該像我爸一樣，趁早收掉熱狗店。

無論遇到哪個情況，都建議你在打造產品之前、或產品成熟時，能運用一些方法來降低策略風險。策略永遠不會結束，只要產品還存在，你就必須持續用關鍵績效指標（KPI）來衡量價值，這些指標能告訴你，產品要怎麼有效實現商業目標。希臘哲學家赫拉克利特（Heraclitus）曾說，「生命是活的（希臘語 Panta rhei）」，意思是「一切事物都是變動的」。我相信，這樣的概念也適用於競爭格局、科技創新、和善變的人們。這就是策略需要更靈活的原因。

11 Roman Pichler, Strategize (Wendover, UK: Pichler Consulting, 2016).

本章回顧

本章說明了成功的策略仰賴行銷和設計團隊的密切合作，也需要填補產品漏斗，來吸引使用者、促進成長。你學會用登陸頁面和線上廣告來測試商業概念，找出能有效開發顧客的管道。最大的收穫是，你和團隊可以透過反覆測試取得更大的進步！

[10]

結語

> 所以，接下來……沿著智慧的道路，邁開踏實的步伐，充滿信心！無論未來如何，你自己就是你的經驗之源。拋開對自身的不滿，寬待自己吧。你心裡的力量能將所經歷的一切、所有錯的開端、失誤、幻想、熱忱、愛和希望，全都融合到人生目標裡[1]。
>
> —尼采（FRIEDRICH NIETZSCHE）

有時候，產品就是做不起來，原因也都是你所無法預料和掌控的。財務危機、團隊精疲力竭、新科技的出現、個人動機、關係破裂等等，還有更多 UX ／產品策略之外的各種變數會來扯後腿。

第 1 章中提到的新創公司 Metromile[2]，現在仍然是領先的按里程計費保險公司，也迅速擴展到企業 B2B 的服務。他們之前的競爭對手，已成為他們的合作夥伴，以他們的 AI 理賠平台來協助其他保險公司和 OEM 廠商進行數位轉型。他們更與福特汽車合作，為車主提供個人化保險服務，且無需安裝額外的設備[3]。

至於福斯汽車，我最近剛好與 Sebastian 碰面。自疫情爆發以來，他在柏林的家中管理商業創新工作室。商業創新工作室不斷擴編，在全球各地都有團隊。

1 Friedrich Nietzsche, Human, All Too Human: A Book for Free Spirits, English ed. (New York: Charles H. Kerr, 1908).

2 Metromile Inc., *https://enterprise.metromile.com*.

3 "Say hello to connected car insurance," Metromile, www.metromile.com/partners-ford.

並持續將 UX / 產品策略與商業創新相互連結，而福斯汽車則在內部進行軟體開發，建立了一套 vw.OS 雲端操作系統，導入整個福斯汽車集團的轎車中。

對我的南加大學生們（之前的 Ena 與 Bita）來說，這只是一個課堂作業，所以當課程結束時，作業就結束了。但 Nico 倒是繼續發展他的共享車輛概念，還申請了專利。Jessica 能力很棒，畢業後我請她來幫我一起編寫這本書。如果你有興趣，可以在 YouTube[4] 上找到 10 部我們共同寫作 / 編輯的影片。

而對於其他產品開發者來說，這條道路是崎嶇不平的。Jared 試圖像 Airbnb 一樣在共享經濟中征服藍海，但事實證明，人們既定的心智模型不容易改變。他在 TradeYa 累積了四年顧客體驗專業後，重新回去領導流量成長行銷團隊。

我認為，重點是要記得，不論是工作上或生活上，生命中一定存在許多挑戰，我們也無從得知這些挑戰會如何塑造前方的道路。舉我外公 Alex Zindler 的例子來說，他出生在 1907 年的波蘭捷爾諾波爾（現烏克蘭捷爾諾波爾）。

他最早的記憶是在針對猶太人的大規模攻擊、屠殺下，看著家園在大砲下崩毀，弟弟們都在某一起屠殺事件中遇難了[5]。父親在他六歲時過世，接著，第一次世界大戰開始（1914-1918），直到他十一歲才結束。他的國家、語言和路標在德國人、奧地利人、俄羅斯人幾度爭奪中，改朝換代了七次[6]。

1923 年時，Alex 十六歲，他和母親 Ronya 逃往波蘭，避免遭受更多迫害。為了追求更好的生活，他們搭火車來到比利時安特衛普，並在那搭上前往加拿大魁北克的船，但不幸地，在往北美洲的途中，母親感染霍亂病逝，傷心的 Alex 在海上送走母親，至今仍歷歷在目。

---

4 Jaime Levy and Jessica Lupanow, "UX Strategy (2nd Edition) Book Editing Sessions," YouTube, 2020, *https://oreil.ly/Ezd0R*.

5 "Ternopil," Wikipedia, *https://oreil.ly/RnqZT*.

6 "Tarnopol," Jewish Virtual Library, 2008, *https://oreil.ly/WqEwb*.

Alex 抵達魁北克時，是一名一貧如洗也不會說英文的孤兒，隨時都可能被驅逐出境。還好，船上一位牧師為他做擔保，他才能留下。但 Alex 還是得償還牧師一大筆通行費以及巨額的債務。為了還債，他在多倫多做了兩年的裁縫學徒，二十歲左右時，他已經是個自由人，交友廣闊，還培養了拳擊的興趣（圖 10-1）。

圖 10-1
1925 年，Alex Zindler（右）和友人 Irving Roth 合影

拳擊練了幾年，但在一場比賽中，一記打在臉上的重拳造成他一眼產生嚴重的白內障，做了場失敗的手術後，那隻眼睛還失明了，只剩一邊薄弱的視力。

很多人在這種情況下應該會意志消沈，讓身體的殘缺限制了活動力，但 Alex 可沒有這樣。他在緬尼托巴省的溫尼伯結了婚，還生了三個小孩，為了養家，他抱著身障在乾洗店做燙衣員，一做就是 25 年。1957 那年他五十歲，Alex 心臟病發，至此雙眼全盲，兩年後，太太也過世了，家裡剩下他一個人要照顧最小的兒子。

但我外公並沒有因為這些接踵而至的悲劇而感到人生絕望或失敗。他勇敢面對恐懼，走出了家門，參與定向行動訓練，讓自己能獨立搭公車，他還參加視障者保齡球賽，還去健身房運動。他鼓勵兒子努力唸書，因為學習對他來說，是最重要的事。

但帶給 Alex 最多自由的還是科技。他是一個貨真價實的發燒友，喜歡買高檔設備來錄製和收聽唱片，也成了如飢似渴的有聲書消費者，把紐約時報暢銷書榜所有的暢銷書全部都聽完了。

他六十多歲時，透過一個叫做 Voicespondence Club 的唱片收藏者非營利組織，拓展了他的社交圈。世界各地的俱樂部成員會用磁帶（後來改成錄音帶）交流日常生活、政治想法、甚至分享盜版音樂。這個俱樂部基本上就是類比版本的 Facebook × Napster，錄音帶也是他在加拿大和洛杉磯的我們聯繫的方式。外公在 1981 年過世，得年七十四歲，但還好有這些從小聽到大的錄音，讓我一直記得他的波蘭口音，和他那些振奮人心的生命故事。

無論你是新創公司創辦人、產品經理、或 UX 設計師，創造數位產品基本上是一條深刻的個人道路，是不成則敗的人生大事。我們把存款、健康、和情感一股腦丟進一個價值主張裡，只希望讓人們的日子變得更好。但身為創新者，還是要學著接受失敗，對有些人來說，不可逾越的障礙，可能是自家產品走向成功的重要條件。我們要學習外公，做一個不被生命中挫折擊倒的人。他不斷調整修正、活出精采人生，甚至找到了好方法，讓科技來幫他達成目標。

經驗分享

- 事情的發展不會總是如你所願，我們要能靈活敏捷，找尋新的方式前進。擁抱並接受生命中的挑戰，保持活躍的頭腦和心智。
- 要以嶄新且意想不到的方式，運用身邊的小科技來改善使用者的生活，並解決真正的問題。別小看這樣的契機。
- 我們終究要對自己負責，而我們過日子的方式，塑造了自我的樣貌。人生掌握在自己手上，不要白白浪費了。

[附錄]

參考資料

第 1 章

Robert Frost, "The Road Not Taken," Mountain Interval (New York: Henry Holt, 1916).

Andrew Kucheriavy, "How Customer-Centric Design Is Improving the Insurance Industry," *Forbes*, April 17, 2018, *https://oreil.ly/8-Ceg*.

Indi Young, *Mental Models* (New York: Rosenfeld Media, 2008).

"Critical Thinking," *Wikipedia*, *https://oreil.ly/J34r8*.

第 2 章

Sun Tzu, *Art of War*, trans. Lionel Giles (London: Luzac and Co., 1910).

Dave Gray, Sunni Brown, and James Macanufo, *Gamestorming: A Playbook for Innovators, Rulebreakers, and Changemakers* (Sebastopol, CA: O'Reilly, 2010).

Michael Porter, *Competitive Advantage* (New York: Free Press, 1985).

Tyler Sonnemaker, "Amazon Employees Say They're Scared to Go to Work, but They're Not Alone—Here Are 9 Big Companies Facing Worker Criticism Over Their Coronavirus Safety Response," *Business Insider*, May 1, 2020, *https://oreil.ly/vfuo9*.

Emily Guskin, "Hurricane Sandy and Twitter," Pew Research Center, November 6, 2012, *https://oreil.ly/IDOtj*.

"New Features Ahead: Google Maps and Waze Apps Better Than Ever," *Google Maps Blog*, August 20, 2013, *https://oreil.ly/9-3sx*.

Douglas Rushkoff, "Does Facebook Really Care About You?" CNN, September 23, 2011, *https://oreil.ly/DSJ-k*.

Steve Blank, and Bob Dorf, *The Startup Owner's Manual* (Hoboken, NJ: Wiley, 2012).

Alexander Osterwalder and Yves Pigneur, *Business Model Generation* (Hoboken, NJ: Wiley, 2010).

"Metromile and Turo Are Teaming Up to Redefine Auto Insurance," *Metromile Blog*, May 20, 2019, *https://oreil.ly/TfWU_*.

Ash Maurya, "Why Lean Canvas vs Business Model Canvas?" *Leanstack*, *https://oreil.ly/zJYVu*.

"Product/Market Fit," *Wikipedia*, *https://oreil.ly/MUHoc*.

Peter Drucker, *Management: Tasks, Responsibilities, Practices* (New York: Harper Business, 1973).

Michael Porter, *Competitive Advantage* (New York: Free Press, 1985).

Michael J. Lanning and Edward G. Michaels, "A Business Is a Value Delivery System" (Chicago: McKinsey and Co., 1988), *https://oreil.ly/3n4nS*.

W. Chan Kim and Renee Mauborgne, *Blue Ocean Strategy* (Brighton, MA: Harvard Business School Press, 2005).

Lawrence M. Fisher, "Clayton M. Christensen, the Thought Leader Interview," *Strategy+Business*, October 1, 2001, *https://oreil.ly/bBpYH*.

Clayton M. Christensen, "Disruptive Innovation," *Clayton Christensen*, *https://oreil.ly/wj8Kz*.

Hemant Taneja, "The Era of 'Move Fast and Break Things' Is Over," *Harvard Business Review*, January 22, 2019, *https://oreil.ly/RiK8S*.

"Seven Steps to Ethical Decision Making," *Ethics & Compliance Initiative*, *https://oreil.ly/qCD_p*.

Mike Monteiro, *Ruined by Design: How Designers Destroyed the World, and What We Can Do to Fix It* (Mule Books, 2019).

Eric Ries, *Lean Startup* (New York: Harper Business, 2011).

Steve Blank, *The Four Steps to the Epiphany* (Plano, TX: K&S Ranch Press, 2005).

Eric Ries, *The Startup Way* (Manhattan: Currency, 2017).

第 3 章

Peter Drucker, *Management: Tasks, Responsibilities, Practices* (New York: Harper Business, 1973).

"Tinder and Bumble Are Throwing Parties at Frat Houses," *Inside Hook*, August 21, 2019, *https://oreil.ly/IjVd*.

"Alan Cooper," *Wikipedia*, *https://oreil.ly/5GeHk*.

Alan Cooper, *About Face* (Hoboken, NJ: Wiley, 1995).

Alan Cooper, *About Face*, 3rd ed. (Hoboken, NJ: Wiley, 2007).

Jeff Gothelf, with Josh Seiden, *Lean UX*, 2nd Edition (Sebastopol, CA: O'Reilly, 2016).

Clayton Christensen, Taddy Hall, Karen Dillon, and David S. Duncan, "Know Your Customers' 'Jobs to Be Done,'" *Harvard Business Review*, September 2019, *https://oreil.ly/zW3Xm*.

Jim Kalbach, *The Jobs to Be Done Playbook: Align Your Markets, Organization, and Strategy Around Customer Need* (New York: Two Waves Books, 2020).

Steve Blank, *The Four Steps to the Epiphany* (Plano, TX: K&S Ranch Press, 2005).

第 4 章

Sonic Youth, "Death Valley '69," *Bad Moon Rising* (Iridescence, 1984).

J.-C. Spender, *Business Strategy: Managing Uncertainty, Opportunity, and Enterprise* (Oxford: Oxford University Press, 2015).

Henry Mintzberg, "The Fall and Rise of Strategic Planning," *Harvard Business Review*, January 1994, *https://oreil.ly/ImcVX*.

"The SCIP Code of Ethics," *SCIP*, *https://oreil.ly/QpTa2*.

"The Ethics of Competitive Intelligence: The Fine Line Between CI and Corporate Espionage," *LAC Group*, September 23, 2019, *https://oreil.ly/F36KF*.

Michael Bazzell, *Open Source Intelligence Techniques: Resources for Searching and Analyzing Online Information*, 7th ed. (Independently Published, 2019).

James Chen, "Electronic Data Gathering, Analysis and Retrieval (EDGAR)," *Investopedia*, July 31, 2020, *https://oreil.ly/rzrHv*.

"Securities Offering," *Wikipedia*, *https://oreil.ly/aKEB6.*

SimilarWeb, *www.similarweb.com.*

第 5 章

Babette E. Bensoussan, and Craig S. Fleisher, *Business and Competitive Analysis* (London: Pearson Education, 2007).

Steve Blank, "Death By Competitive Analysis," *Steve Blank*, March 1, 2010, *https://oreil.ly/_SuIP.*

"Benchmark (surveying)," *Wikipedia*, *https://oreil.ly/dQoDk.*

W. Chan Kim and Renee Mauborgne, *Blue Ocean Strategy* (Brighton, MA: Harvard Business School Press, 2005).

Alejandro Cremades, "How to Effectively Determine Your Market Size," *Forbes*, September 23, 2018, *https://oreil.ly/nm8dF.*

Richard Rumelt, *Good Strategy Bad Strategy: The Difference and Why It Matters* (New York: Crown Business, 2011).

Henry Mintzberg, Bruce Ahlstrand, and Joseph Lampel, *Strategy Safari: A Guided Tour Through The Wilds of Strategic Management* (New York: Free Press, 1998).

第 6 章

W. Chan Kim and Renee Mauborgne, *Blue Ocean Strategy* (Brighton, MA: Harvard Business School Press, 2005).

"Cyberpunk (album)," *Wikipedia*, *https://oreil.ly/1SSa0.*

"Poaching," *Wikipedia*, *https://oreil.ly/kWgoS.*

Andrew Liptak, "Tinder's Parent Company Is Suing Bumble for Patent Infringement," *The Verge*, March 18, 2018, *https://oreil.ly/sSTZ0.*

Dan Saffer, *Microinteractions* (Sebastopol, CA: O'Reilly, 2013).

"The Adventures of Prince Achmed," *Wikipedia*, *https://oreil.ly/gaJ8U.*

Edwina Langley, "Bumble Partners with Spotify," *Grazia*, June 16, 2016, *https://oreil.ly/TKAPK.*

第 7 章

Christian Sarkar, "RIP, Professor Christensen," *Christian Sarkar*, January 25, 2020, *https://oreil.ly/mdLKA*.

Rena LeBlanc, "The Ten Biggest Bargains in L.A.," *LA Magazine*, July 1973.

Eric Ries, *Lean Startup* (New York: Harper Business, 2011).

Eric Ries, *The Leader's Guide* (Audible Originals, 2019).

J. F. Kelley, "An Empirical Methodology for Writing User-Friendly Natural Language Computer Applications," *Proceedings of ACM SIGCHI '83 Human Factors in Computing Systems*, Boston, December 12-15, 1983.

"The Turk," *Wikipedia*, *https://oreil.ly/LZlj2*.

Kathryn McElroy, *Prototyping for Designers* (Sebastopol, CA: O'Reilly, 2017).

第 8 章

Joy Division, "Autosuggestion," *Earcom 2: Contradiction* (Fast Product, 1979).

Steve Portigal, *Interviewing Users* (New York: Rosenfeld Media, 2013).

Donella H. Meadows, *Thinking in Systems: A Primer* (Vermont: Chelsea Green Publishing, 2008).

第 9 章

"Conversations with Buckminster Fuller," *The Werner Erhard Foundation*, *https://oreilly/7Y40_*.

"AIDA (marketing)," *Wikipedia*, *https://oreil.ly/B75SN*.

Sean Ellis, "Find a Growth Hacker for Your Startup," *Startup Marketing*, July 26, 2010, *https://oreil.ly/hYpaU*.

Sean Ellis and Morgan Brown, *Hacking Growth* (London: Virgin Books, 2017).

Lex Roman, "Growth Design FAQ," *Lex Roman*, *https://oreil.ly/hfvI5*.

Nir Eyal, with Ryan Hoover, *Hooked: How to Build Habit-Forming Products* (New York: Portfolio, 2014).

Nir Eyal, "Nir Eyal on Creating Habit-Forming Products: Closing Remarks," *LinkedIn Learning*, January 23, 2017.

Interactive Advertising Bureau, *Internet Advertising Revenue Report*, May 2020, *https://oreil.ly/m4x2R*.

"Customer Lifetime Value," *Wikipedia*, *https://oreil.ly/Pg37h*.

Roman Pichler, *Strategize* (Wendover, UK: Pichler Consulting, 2016).

第 10 章

Friedrich Nietzsche, *Human, All Too Human: A Book for Free Spirits*,English ed. (New York: Charles H. Kerr, 1908).

Metromile Enterprise, *https://enterprise.metromile.com/*.

"Say hello to connected car insurance," *Metromile*, *www.metromile.com/partners-ford/*.

Jaime Levy and Jessica Lupanow, "UX Strategy (2nd Edition) Book Editing Sessions," *YouTube*, 2020, *https://oreil.ly/Ezd0R*.

"Ternopil," *Wikipedia*, *https://oreil.ly/RnqZT*.

"Tarnopol," *Jewish Virtual Library*, 2008, *https://oreil.ly/WqEwb*.

[索引]

※ 提醒您：由於翻譯書排版的關係，部份索引名詞的對應頁碼會和實際頁碼有一頁之差。

A

B

C

D

E

F

G

H

I

J

K

L

M

N

O

P

Q

R

S

T

U

V

W

Y

Z

關於作者

Jaime Levy 現居於洛杉磯 / 柏林，是一位產品策略師、作者、教授、講者。她的顧問公司專門協助公司領導人與內部團隊將產品願景轉變成顧客喜愛的創新數位解決方案。Jaime 提供企業內培訓，舉辦公開 / 內部工作坊，並於全球設計與創新研討會上發表演說。

30 多年來，Jaime 一直是打造創新數位產品和服務的先驅。她曾服務於全球 500 大公司與屢獲殊榮的設計公司，領導休閒娛樂、醫療照護、金融和科技領域的 UX 專案。

Jaime 曾教授產品設計與策略課程，並於南加州大學、紐約大學、克萊蒙特大學、皇家藝術學院、波茨坦應用科技大學和牛津大學等地任教。

Jaime 培訓了全球數千名產品開發者。您可以藉由 Jaime 為管理者、產品團隊、和跨領域團隊提供的精彩簡報和實務培訓，將她前瞻性的實務方法有效導入組織。

出版記事

本書封面的動物是黑背豺（學名 Canis mesomelas）。黑背豺是非洲草原的原生種動物，牠們棲息於非洲南端與東部。豺狼是犬屬中最古老的物種，犬屬中亦有狗、狼、與土狼。

黑背豺在體型、外觀，和習性上與狐狸和土狼相似。平均肩高 38 公分、身長 76 公分、重約 9 公斤。得名自牠背部的黑色毛皮，在偏紅的皮毛上，從肩膀延伸至尾巴。 黑背豺有一雙像狐狸一樣的大耳朵。

黑背豺是雜食性的隨機食者，會運用自己的智慧來捕獵獵物。通常以蜘蛛、蝎子、野兔、和囓齒動物等小型獵物為食，牠們會調整對體型比自己大的動物的狩獵策略，挑選虛弱或生病的動物，專門攻擊喉嚨或腿等弱點。利用自身體型和速度優勢，牠們還會從共享領域的獅子和豹吃過的屍體中獲得食物。黑背豺也會觀察村莊和農場，尋找叼走家畜（如雞）的機會，或者在垃圾堆中翻找食物。

黑背豺是一夫一妻制的動物，有時會留下家族裡年輕的幼豺來幫忙撫養下一代，藉此提高幼崽的存活率。5 月下旬至 8 月是繁殖季節，雌犬孕期為 60 天，幼豺在 7 月至 10 月之間出生，通常與各種獵物的季節性生長高峰期相吻合。豺狼家族群體具有高度的領域行為和溝通能力，會使用氣味和各種聲音來標記領域，例如運用嚎叫、嗚嗚叫、低鳴、吠叫、和咯咯聲來宣告勢力範圍（豺狼一詞來自梵文，意為「咆哮者」）。

一如牠們的飲食習慣，黑背豺的適應性極強，即使在獅子和人類主導的危險環境中，還是能成長茁壯。極大的適應能力和足智多謀使牠們幾乎在任何地方都能蓬勃生長，因此並無面臨滅絕危機。

封面上的彩色插畫由 Karen Montgomery 以 Wood's *Animate Creation* 的黑白版畫為基底所創作。

UX 策略｜設計創新數位解決方案的產品策略心法 第二版

作　　者：Jaime Levy
譯　　者：吳佳欣
企劃編輯：蔡彤孟
文字編輯：江雅鈴
設計裝幀：陶相騰
發 行 人：廖文良

發 行 所：碁峰資訊股份有限公司
地　　址：台北市南港區三重路 66 號 7 樓之 6
電　　話：(02)2788-2408
傳　　真：(02)8192-4433
網　　站：www.gotop.com.tw
書　　號：A666
版　　次：2022 年 06 月初版
建議售價：NT$580

國家圖書館出版品預行編目資料

UX 策略：設計創新數位解決方案的產品策略心法 / Jaime Levy 原著；吳佳欣譯. -- 初版. -- 臺北市：碁峰資訊, 2022.06
面；　公分
譯自：UX Strategy, 2nd Edition
ISBN 978-626-324-176-3(平裝)
1.CST：人機界面　2.CST：系統設計
312.014　　111006144

讀者服務

- 感謝您購買碁峰圖書，如果您對本書的內容或表達上有不清楚的地方或其他建議，請至碁峰網站：「聯絡我們」\「圖書問題」留下您所購買之書籍及問題。（請註明購買書籍之書號及書名，以及問題頁數，以便能儘快為您處理）
http://www.gotop.com.tw

- 售後服務僅限書籍本身內容，若是軟、硬體問題，請您直接與軟體廠商聯絡。

- 若於購買書籍後發現有破損、缺頁、裝訂錯誤之問題，請直接將書寄回更換，並註明您的姓名、連絡電話及地址，將有專人與您連絡補寄商品。